刻意练习

P

42 Rules for Getting Better at Getting Better

如何成为一个高手

PRACTICE

PERFECT

［美］

道格·莱莫夫 Doug Lemov
艾丽卡·伍尔韦 Erica Woolway
凯蒂·叶兹 Katie Yezzi

著

中国青年出版社
CHINA YOUTH PRESS

图书在版编目（CIP）数据

刻意练习：如何成为一个高手 /（美）道格·莱莫夫，（美）艾丽卡·伍尔韦，
（美）凯蒂·叶兹著；王海颖译. —2版. —北京：中国青年出版社，2017.5

书名原文：Practice Perfect: 42 Rules for Getting Better at Getting Better

ISBN 978-7-5153-4665-6

Ⅰ.①刻… Ⅱ.①道… ②艾… ③凯… ④王… Ⅲ.①成功心理—通俗读物
Ⅳ.① B848.4-49

中国版本图书馆 CIP 数据核字（2017）第 057559 号

刻意练习：如何成为一个高手

作　　者：[美] 道格·莱莫夫　艾丽卡·伍尔韦　凯蒂·叶兹

译　　者：王海颖

责任编辑：肖妩嫔

美术编辑：李　甦

出　　版：中国青年出版社

发　　行：北京中青文文化传媒有限公司

电　　话：010-65511272/65516873

公司网址：www.cyb.com.cn

购书网址：zqwts.tmall.com

印　　刷：大厂回族自治县益利印刷有限公司

版　　次：2014年4月第1版
　　　　　2017年5月第2版

印　　次：2024年10月第17次印刷

开　　本：787mm×1092mm　　1/16

字　　数：181千字

印　　张：14

京权图字：01-2013-9241

书　　号：ISBN 978-7-5153-4665-6

定　　价：39.00元

版权声明

本书献给渴望让自己变得更好的你，

希望你拥有一个充满各种可能性的世界。

CONTENTS
目 录

191 / **第 6 章：如何实践在刻意练习中获得的新技能**

211 / **结 语：公司、团队与个人如何高效应用刻意练习**

刻意练习，最科学的精进方法

一年夏天，我和妻子还有我的父母随团参观了一个苏格兰威士忌酿酒厂。旅行团的导游乏味无趣到了近乎无药可救的地步，她每到一个"景点"，就会死板地背诵一段介绍，然后问："还有什么问题吗？"当然没有，有谁会去听她那索然无味的讲解呢？如果有问题，那才叫奇怪。

在整个旅程中，除了巴望能快点跳过无聊的介绍直接进入品酒环节的急切心情让我有些印象外，大部分时间里我的思维都在围绕着著名脱口秀演员克里斯·洛克打转。当时我正在读皮特·西姆斯写的《小赌大胜》，其中有一个章节描述了洛克如何精心准备素材的过程。为了某场演出，他在开演前专门前往一家位于新泽西新不伦瑞克的小俱乐部一连试演了四五十场。上台时，他带着一本记录着各种笑料的黄色拍纸簿，每次演出他都会现场测试这些笑料的"笑果"如何。西姆斯这样写道："他在台上格外注意底下观众的反应，随时留意有没有人点头，有没有人变换姿势，他不断解读观众的肢体语言，估算他们注意力集中的时间长短，由此来判断这些笑料的效果。他发现，当表演进行到45钟后，似乎所有的笑话都失去了博人一笑的魔力。"

等到洛克在家庭影院频道拥有了自己的特别节目，并上了大卫·莱特曼的脱口秀，他对笑料的驾驭力已经达到了炉火纯青的地步。于是，在别人眼里，他成了一个张口就来的开心果，但没有人看到他抛洒在台下的汗水和眼泪，所有人都觉得他天生就是这么一个滑稽搞笑的家伙。

威士忌酒厂之行的几个月后，有一天，我正在台上演讲，其中穿插的一个故事我已经讲了数十遍，可我猛然间意识到自己不过是在死记硬背，这一次的复述和之前十几次的表现一样刻板呆滞、毫无新意。我突然冒出一个可怕的念头：我也变成了那个木头木脑的酒厂导游了。

生活中，我们会不止一次地面临这样的选择：是变成那个威士忌酒厂的导游，还是成为克里斯·洛克；我们究竟是满足于依靠自动导航装置去往目的地，还是更愿意在经历艰苦跋涉后一览众山小？我们究竟是要不经思考、一味地埋头苦干，还是要开动脑筋、积极练习？如果你选择后者，那么这本书将成为你旅程中不可或缺的旅游指南。

《刻意练习》一书中发人深省的片段俯首皆是，那些充满趣味的观点会让你禁不住地频频称赞。其中有这样一个观点，"熟"未必就能生"巧"，单一的练习不能使人完美，只会让人一成不变。比如，你已经洗了几十年的头，可也没见你洗出什么成就来（事实上，你可能在离开人世的时候都不知道有没有更好的洗头方法）。单纯的重复对实现进步毫无助益，刻意练习才是最科学的精进方法。

我们需要的是真正意义上的刻意练习，而不仅仅只是一味地重复。正如迈克尔·乔丹所言："你可以做到每天训练投篮8小时，但如果你的技能是错误的，那最好的成果也不过是你擅长以一种错误的方式投篮而已。"单一的练习只会让人固守成规。

孩提时代，我们会日复一日地练习某种兴趣爱好：投篮，弹钢琴，学西班牙语。许多练习可能都非常枯燥乏味——几乎所有的运动员都对训练呼吸的反复练习避之不及，但因为这些训练都是经过严格论证、精心设计的，所以付出必然会有回报，它一定能让你的练习卓有成效。

但在很多时候，练习已经在我们的生活中失去了立锥之地，这究竟是怎么回事呢？诚然，练习的必要性依旧存在——正如练习之于职场表现一样，练习对于赛场和音乐厅的作用也是举足轻重的。事实上，我们需要磨炼的事情不胜枚举：如何举办一次不冗长拖沓的会议，如何倾听配偶说话，如何在拥挤的通勤路上维持应有的风度而不是张口就骂。

恐惧和自满是练习的天敌。要想练习，就得有谦卑之心。谦逊让我们不得不承认：我们并非懂得一切。因为谦逊，我们如饥似渴地倾听师长的谆谆教诲。但是，练习绝对不是示弱的表现——要知道，迈克尔·乔丹、杰瑞·赖斯、罗杰·费德勒、米娅·哈姆和老虎·伍兹都是勤学苦练的典范。开始练习并不是告诉别人，我很糟糕。开始练习是对世界宣布，我可以更好。

是的，我们每天都在不停地练习。我们在练习如何和孩子互动，练习如何与同事共事。问题是：我们有没有进步？我们是原地踏步地一味傻干，还是有章有法地刻意练习？

既然你买了这本书，那就说明你是一个练习者。如果真是这样的话，你的选择绝对明智。

准备好，让我们通过刻意练习，在努力奋斗的路上成就更好的自己。

丹·希思

一种极简单又极强大的成功模式

你也许会说，一个组织是否注重培养人才、是否具有让员工不断进步的能力，最能体现这个企业的价值。然而，让人倍觉讽刺的是，大多数组织并没有运用他们最基本、最有效、最直接的方法来帮助人们变得更好——也许正是因为这些方法和技能看上去太过基本，基本到无需强调，因此反而被人遗忘了（我们希望在本书中我们已经明确了这些方法和技能的重要性，它们意义非凡，绝不简单）。

在14世纪的英国，圣方济各会传教士奥卡姆的威廉提出"简单有效原理"，这一理论就是我们今天所熟知的奥卡姆剃刀原则，它提倡我们化繁为简，将复杂的事物变简单，以实现对工作和生活的掌控。

人们通常会为自己不愿意面对的改变找来各种理由，其实根本原因不过是对事情把握不清："我就是不知道该做什么、怎么做，因为我没有练习过如何面对这样的问题。"是的，正如亚里士多德所说的"正是我们不断反复做的事造就了我们"、"优秀,不是一种行为,而是一种习惯"那样,练习是一种简单而强大的成功模式,它能以最简单、最直接的方式帮助我们成为更好的自己。

因此,练习也许不应该被定义为一系列的专项训练和实战演练,而应该被视为一种机会,一种通过我们愿意尝试的方式,有目的、有策略地重复这些活动,从而更好地完善自我。亚里士多德曾经说过:"我们平时做什么能决定我们成为怎样的人,如果我们过着有节制的生活,我们就能成为有节制的人,如果我们一直做着勇敢的事,我们就能成为勇敢的人",没错,无数的事实已经证明:通过刻意练习,我们不仅能成为更好的外科医生、教师、足球运动员,而且还能成为更加优秀的人。

我们衷心希望,无论在练习中,还是在你人生道路上无数次的比赛中,你和你的朋友、家人不仅能掌握更好的技能,获得更大的成就,同时也能够拥有真诚、坚强、勇敢和成功。

人所不能及的天赋 = 人所不能及的刻意练习

> 每个人都有获胜的欲望，可鲜有人愿意为获胜做好准备。
>
> ——博比·奈特

> 这是很有意思的事，只要我练得越多，好运就会如影随形。
>
> ——阿诺德·帕尔默

约翰·伍顿是位传奇人物，他在加州大学洛杉矶分校篮球队执教27年，被美国娱乐体育电视网誉为"20世纪最杰出的教练"。12年中，伍顿率领他的团队一举夺下了10个全美冠军，创下连续88场不败的骄人战绩，他本人也成为了美国大学生篮球联赛史上赢球率最高的教练。在整个职业生涯中，伍顿从不会顾此失彼，经他培养塑造的队员，其品质素养丝毫不逊于他们出色的球技，而伍顿也因此赢得了经久不衰的声誉。毫不意外，伍顿的影响力已远远超出了小小的篮球场。

无论对体育运动是否抱有兴趣，人们都一直在研究伍顿究竟是如何做到点石成金、化奋斗为胜利的，然而鲜有研究者能复制伍顿式成功。为什么？道格、艾丽卡还有凯蒂，我们几个人发现答案原来是人们忽视了一些事物的神奇魔力：传统训练、高效奔跑、精心策划以及贯彻执行，而这些也许就是伍顿成功的秘诀所在。

如果你当面向伍顿请教他是如何带出一支支常胜球队的，他很可能会向你描述那些远离鲜花掌声，发生在一个个空荡荡的球馆里的训练片段，如队员在没有篮球的情况下练习投篮动作，没准他还会向你诉说那些夜晚——他待在办公室里制订第二天的训练计划，在笔记本上标注装篮球的箩筐摆在什么位置可以节省找篮球的时间。伍顿对训练情有独钟，让许多人大跌眼镜的是，他的练习大多从像如何穿袜子和运动鞋之类的细枝末节入手，这些琐碎的事在其他教练看来简直匪夷所思，即便他们想到了，也肯定不屑一试。[1] 他的训练时段按分钟计算，他充分利用每一秒以保证训练的精确度和严格的时间分配。他将每一次训练都记录在便笺上，然后整理归档供日后参照比对：哪一种练习富有成效？哪一种毫无作用？下一次该如何改进？有别于其他教练只注重实战演练，伍顿遵循一套循序渐进的练习模式，比如在投篮练习时，他先要求队员进行无球训练，然后慢慢地提高难度，加入技能应用。他反复训练队员，直到他们完全掌握技能要领，能够形成下意识反应。如果队员没有完全掌握某个简单的技能动作，伍顿就不会提高难度或进入更加复杂的练习环节。在其他教练认为队员对某个技能动作已经练得差不多的时候，伍顿的队员的练习往往才刚刚开始。他一直强调，不管练哪个技能动作，他的队

---

[1] 这并非我们随意编造。伍顿认为，穿上袜子后如果不抚平褶皱，或者穿上鞋子后没有绑紧鞋带，都会导致脚上生水疱，影响球员的场上发挥，让贾巴尔和沃尔顿那样的明星球员马失前蹄，输掉比赛，所以伍顿倡导练习从脚开始。

员都必须练到无懈可击的程度。

　　虽然让我们记住伍顿的是他的辉煌战绩，但是让伍顿获得骄人成就的却是苦练，每一轮周而复始的教授、讲解和演练无非是做到比其他人更好一点，更谦逊一点，更忘我一点，更执著一点。所有这些"一点"聚沙成塔，最终造就了一个傲视群雄的篮球王朝。

　　伍顿所创建的目的性练习最近引起了广泛关注，许多人试图破解伍顿的成功密码，《一万小时天才理论》的著者丹尼尔·科伊尔也是其中之一。在书中，科伊尔详细解释了卓越天赋的光环下包裹的其实是勤学苦练的质朴内涵。比如，只有一个室内网球场地、被科伊尔称之为"寒酸"的俱乐部挺进世界网坛前20名的女子选手人数却超出了全美所有网球俱乐部所培养人数的总和，它究竟是如何做到的？

　　答案就在拉里莎·普列阿布拉仁斯卡娅身上，这位满头银发、总是一身运动装打扮的总教头带领着她的球员坚持不懈地实践着一句真理：苦练成就恒定。和约翰·伍顿一样，她也信奉人所不能及的天赋等同于人所不能及的刻意练习，练习不在于多而杂，而在于少而精，每个技能动作都得经过反复苦练。她毫无顾忌地要求运动员模仿他人。依靠这种简单却投入的训练，普列阿布拉仁斯卡娅几乎是单枪匹马地改写了俄国网球历史。她所缔造的第一波辉煌战绩引爆了国内对于网球运动的空前热情，雄心勃勃的运动员源源不断地加入到训练队伍中，接踵而至的胜利狂潮让全世界为之瞠目结舌。

　　科伊尔宣称，练习过程中那些看似微不足道的进步一经聚合就可以爆发出足以改变世界的惊人能量。以足球为例，巴西人对于足球的热爱世人皆知，但是巴西人对于五人制足球的痴迷程度较之足球而言有过之而无不及。五人制足球是足球的衍生产物，它的比赛场地局促狭小，设在室内，球的弹性不如足球，科伊尔指出，也正是因为这样，巴西球员在练习时的触球率就比其他国家的球员高出了6倍之多。场地的空间限制迫使球员不得不具备更为迅捷的身心反应，正是这些练习中的细节帮助巴西成为了世界公认的足球王国。

我们观看比赛，一路追随我们崇拜的球队和球星，有时甚至达到了走火入魔的程度，但如果想见识到真正意义上的精彩，并为之欢呼，进而明白隐藏在这份精彩背后的真正原因，我们就应该将视线转向赛场之外，去看一看球员的日常训练。我们也许更应该关注球员练习的过程，关注球员之间体现的谦逊与执著的精神，关注训练强度够不够，或者就像我们在之后的章节中马上要看到的那样，关注究竟有没有进行真正意义上的训练。

想象一下，如果我们能够坚持不懈，发愤图强地改变关于人们能够做什么以及社会能为人们做什么的传统观念；想象一下，如果我们能够将练习的精髓不仅应用在足球、网球上，还应用在比体育更为重要的领域中：比如应用在创办更加优质的医院和学校，应用在从事经济活动的千万个企事业单位中，让公司企业的领导者更高效地为人们创造价值，为人们提供能够从中受益的优质服务；想象一下，如果以上所有这些"如果"都能转变成现实，那么我们赖以生存的世界将会迎来多么巨大的改变！

本书的意义不仅仅只限于体育界，当然，如果你单纯只想在篮球、足球或滑雪方面获得成功，我们认为这本书也能让你收获颇丰。我们写书的目的是想帮助你做更好的自己，我们不仅希望这本书可以惠及那些意识到应该多加练习却不知怎么练才更加见效的人们，同时也希望它能帮助那些对于练习的作用尚懵懂未知的人们，使他们认识到练习能够产生的巨大魔力。通过精心细致的部署和规划，练习能够让你的付出换来前所未有的犒赏，而这一点，至少是我们的经验之谈。

我们寻找练习的神秘力量的探索之旅始于一次专项研究，研究对象是公立学校的优秀教师。研究表明，那些身处陋室的教师，都像约翰·伍顿一样能积极乐观地面对困境，并出人意料地获得不同凡响的成就。他们认真对待日常工作中的每一件小事，不忽略、不放过每一个细节。这些与众不同的积极教师还有一个明显的共通之处，那就是他们都看到了隐藏在日复一日、单调枯燥背后的巨大力量。这让我们意识到，其实许许多多杰出的教师都秉承着细节第一的工作思路。他们的卓越成就让我们在惊鸿一瞥的同时，也让我们萌生了帮助每个人都从中有所收获的念头。于是，我们开始推广优秀教师的教学方法，帮助同行们在教学上更上一层楼。在这个过程中，我们对于练习有了全面深入的了解，我们懂得了怎样才能使练习行之有效，以及怎样才能让练习变得事半功倍。

经过多年的实践后，我们的练习项目终于成为了可以在大范围内推广的典范。我们在培训的过程中学到了几十种练习方法——大部分是从错误中吸取的教训，偶尔也有从成功中获得的经验。多年以来，我们将实践中学到的方法不断完善，在本书中，请允许我们同你一起分享。

练习拥有的力量能改变个体，而个体拥有的力量可以改变社会。希思兄弟认为，那些极易上手、简单可重复的行为（就像让妈妈们去买脱脂牛奶而不是全脂牛奶）就可以改变那些貌似负隅顽抗的社会现象（肥胖症患者的增加）。一个改变就等于创造了一个机会，很多像这样简单的行为其实都是一种习惯，你盯着购买一种类型的牛奶就是惯性所致。有意识地做一下练习，练习挑选一款不同的牛奶，也许一个小小的变动能给你带来翻天覆地的变化。

事实上，练习一直在释放不可思议的魔力，帮助人们创造了不起的成就。希思兄弟参加了一项有趣的研究，越南许多穷苦人家的孩子都患有营养不良症，但也有很多孩子非常健康，经过仔细观察和分析后，他们发现，那些孩子健康的家庭通常会食用一些小虾和妈妈采摘的野菜，尽管很多人从那些绿色植物边上走过，但对它们的营养价值却一无所知。起初，其他家庭不愿参照这样的菜谱——他们不知道从哪儿能找到这些食材，而且从来没有烹饪它们的经验，他们的习惯就是一种障碍。不过，当志愿者引导他们练习烹制这些食材，不是一次、两次，而是直到他们完全习惯烹煮、食用小虾和野菜后，结果却让人们大吃一惊。一个小小的改变就改善了膳食平衡，惠及千家万户。

而这又提出了一个关键问题，我们将它明确为：练习究竟是为了谁？我们的答案很简单，为了所有人！没错，每个人都需要刻意练习！其实，对于大部分的职业我们都持有一种先入之见，那就是当你取得了一定成绩时，练习也就戛然而止了。练习成了一种评判标准，它意味着你缺乏能力，你做得还不够好。但，这绝不是事实！事实告诉我们：任何人都需要练习。如果你能在日常的工作和生活中坚持刻意练习，那么你就会像许多来参加我们培训班的企业、单位一样，开始具备一种优势，而正是这种优势将会为你带来前所未有的收获。

在接下来的章节中，你会依次看到很多卓有成效的练习方法，它们会让你的努力与付出获得最大的回报。这些方法来之不易：它们来源于我们长年辛苦的实践，来源于我们阅读的文献和所作的研究，来源于自己以及那些为了成长、为了学习而苦苦奋斗的人们的经历，来源于一次又一次关于如何才能使人们变得更好、更优秀的研讨与辩论。我们相信，琐碎的小事中蕴涵着巨大的能量，所以你会注意到有些方法会牵涉到技能细节，但是作为受惠者的我们要告诉你，关注细节带来的结果会让你叹为观止，它会让你变得好上加好。

1

刻意练习
是什么

你可以把马尔科姆·格拉德维尔的畅销书《异类》视为是围绕10000这个数字展开的一次调查研究。作者认为，要想在任何领域成为世界级的顶尖人物，那么练习10000个小时是一个最起码的条件。格拉德维尔详细描述了"10000小时法则"如何一路支持甲壳虫乐队和比尔·盖茨这样的旷世奇才横空出世的。就像我们前面所说的那样，人所不能及的天赋等同于人所不能及的刻意练习量——确切地说就是10000小时。当然，就练习的质与练习的量而言，两者的重要性至少是不分上下的。"一个成天按野路子练习街头篮球的孩子，他的进步肯定比不上一个在精心指导和良好互动中每天刻意练习两个小时的孩子。"这是最好的教育培训师之一的迈克尔·戈尔茨坦最近给予我们的箴言。约翰·伍顿也持相同意见，他给准教练们的建议言简意赅："切勿把行动等同于是成就。"

在篮球场、课堂以及其他数不胜数的地方，你或许终日勤学苦练却无法脱颖而出。练习中，教练们不时地耳提面命要积极争取、要全情投入，可仅仅做到这些是不够的，其中一个让人反思的问题就是放眼望去，刻苦努力的人如恒河沙数，埋头苦干好比是一个耀眼的发光体，它转移了我们的注意力。在评估练习成效时，我们高估了努力的作用。"满场飞奔，挥汗如雨，这些其实是具有欺骗性的。"伍顿这样写道。忙忙碌碌、熙熙攘攘的表象，往往让我们忽略了这番辛苦究竟能带来多少实实在在的产出。本章节将为读者提供不同的角度，重新审视究竟要怎样做才能使练习行之有效。

首先，让我们来看一看青少年足球运动员的训练。这是一个凉爽的傍晚，一群九岁大的孩子在足球场上奔来跑去。训练项目要求他们带球穿过一组锥形路标，然后将球推射穿过一个长凳，与此同时，他们要跑到长凳的另一边用脚接住球。完成这一系列动作后，他们要立刻跑进一个用锥形路标围住的区域，来回带球十下。紧接着他们要跑进下一个类似区域，两脚轮流颠球，最后，他们还要带球射门。乍一看上去，这项训练堪称一流，它要求受训者一直处于运动状态，不断变化动作，从而达到训练各种技能的目的，训练中的孩子们就像一群勤劳忙碌的小蜜蜂！然而，当我们进一步调查后却发现，这项训练其实并不能让孩子们的技能有多大提高，因为仅仅让身体处于忙碌状态是远远不够的。

以用脚来回带球这个动作为例。就如某位教练在介绍这项训练时所指出的那样，练这个动作的关键之处在于保持双膝微微弯曲。可是，我们看到许多练习者在训练时膝盖是僵直的。的确有人看上去练得相当娴熟，但实际上，他们的练习方向发生了偏移，他们没有达到让膝盖变得灵活的训练目的，反而是把挺直的动作练得越来越好了。经过一次又一次的练习，他们越来越熟悉绷着膝盖带球的感觉，于是，训练的预设目的也就离他们越来越远了。现在，让我们来回顾一下这组训练中所包含的所有技能动作，以及受训者可能将其练错的所有方式——放松脚踝射门，或在运球过程中把球推得过远，等等。整个过程中，练习者处于运动状态吗？当然。那他们取得了多少进步？没有。

　　当然，我们刚才所提到的训练并非一无是处，但是它原本可以更加有效。人才培训机构如果将目标仅仅设定在"还不错"，那它肯定远远达不到将个人乃至整个机构提升至无人企及的高度。即便是加大"还不错"的训练的强度，也不能让你所在的团队出类拔萃。要想做到百分之百的好，你就必须让练习过程中的每一分钟都达到百分之百的效果，你必须做到最好！所幸的是，好与最好之间并非隔着千山万水，因为哪怕是一点点改变都能令人难以置信地加快前进的步伐。

　　迈克尔·戈尔茨坦将这一观点应用在了教师培训上。他非常赞同教育学家杰伊·马修斯最近提出的观点，高质量的少量练习比低质量的大量练习更有实效："如果一个新晋教师一味地像助教那样照本宣科，那么他就是在不断地重复错误。"如果同量的教学练习只花五分之一的成本就可以在一个练习实验室里进行，或者在成本支出不变的情况下练习五遍，那么在教学领域中将会产生多么大的收益！想象一下那些被浪费的投入。我们把教师送去培训进修，然而进修的环境里不仅缺乏专家进行督导评估，而且也没有一套统一的教学行为规范作为参照；此外，得不到信息反馈和监管不力也是目前存在的问题。我们都知道培训成本高得惊人，但也都知道，高昂的成本并没有帮我们达到想要达到的效果。同样的，我们是不是也应该对医生培训、律师培训以及其他数以千计的专业培训提出质疑呢？

　　在接下来的方法介绍中，我们会反省人们对于练习的先入之见。重新审视这些先入之见可以使你的工作成效有一个质的飞跃，你带领的团队也会因此变得更加训练有素，他们随时都能上场比赛，举办重要会议，面对充满挑战的工作环境，举行具有感染力的艺术演出，或是制定一整套合理的医疗方案。在所有这些案例中，练习会帮助你取得最后的胜利。

　　在阅读本章时，你的目标并非是在一夜之间完全颠覆你自己的练习方法，你只需一点一点地改进你的方法，看看练习的效果是不是变得更好了，直到拥有能让你不断进步的制胜法宝。一定要记得检验一下它是否真的行之有效，如果是，那么继续练习下一个方法。也许对于新方法你会抱有疑虑，那么你就更应该在练习中检验它，然后判断它是否为你带来了积极正面的改变和耳目一新的成效。你可以随时选择这些方法加以尝试，看看它们是否真的能把你带入佳境。你的练习旅程即将开启，加油吧！

练习方法不对，越练越错

我们总说"练习成就完美"，但是严格来说，练习成就的是恒定。练习可以帮你把一项技能掌握得滚瓜烂熟，但也可以让你白花力气，因为你所练就的可能是一套正确的方法，但也可能是错误的方法。无论是前者还是后者，你身上的肌肉群和大脑神经回路会逐渐记住你一直重复的每一个动作细节，不断的重复最终就会成为一种习惯——无论这习惯是好是坏。

如果你的球队在场下一直练习错误的技能动作，那么他们就会把错误带到赛场上。因此，练习的一个至关重要的目的就是要保证参加练习的人能够编译成功密码——他们的练习方法必须正确得当——不管他们练什么。这话听上去似乎算不上什么新鲜的观点，但在很多时候练习是在为失败服务。这么说的理由不胜枚举，但最有说服力的是以下两条理由。第一，我们中几乎没有人会以高屋建瓴的眼光仔细观察练习的过程，鉴别参与者有没有在进行正确的练习；第二，我们会为练习者设置很多障碍，错误地以为增大练习的难度和增加失败的概率，就可以刺激练习者学得更好，然而这只是在拔苗助长。我很快就会告诉你更多关于这两个练习误区的事情，不过，在这之前，我想先简单地聊聊一个题外话——夸大失败的作用。

你认识的熟人里肯定有人告诉过你这样的故事。比如，你的卢叔叔回忆起当年学写一份辩护状（或骑单车，或跳舞，或给屋顶铺上砖瓦），他一边回忆一边感慨："我的天，你可不晓得我足足试了100次。前面99次都失败了，不过从哪儿跌倒我就在哪儿爬起来，最后我成功了。"也许你的卢叔叔就像他说的那样，每件事都学得不错，那段百折不挠的奋斗历程在他的记忆里变成了无价之宝——但不能仅仅因为卢叔叔用他那套方法学会了许多本领，就笼统地认为他的方法是最好、最高效的。为了学会这些技能，卢叔叔也许搭上了比使用正确方法多出10倍的时间和精力。从这个角度来看，他的励志故事可以变成另一个版本，在学习过程中如果他更加注重效率，那么他的成就将远不止于此。

如果你的工作或期望就是要有计划、有步骤地获得成功，如果你需要训练你的伙伴、你的队员或下属，使他们比别人做得更加出色（比如：评估投资现金流量，在公立学校教书育人，干净利落地投出三分球），那么请记住，失败不是拿来炫耀的资本。也许失败可以塑造品质，锤炼韧性，但在学习技能方面，它的作用远远不及成功。

让我们言归正传，进一步分析为什么说有的练习是在为失败服务。其中一个原因是因为有效的练习要求系统地对练习者的成功率一直保持高度的关注。"你要教他们，直到把他们教会为止。"这是伍顿的口头禅，优秀的教师会经常检验学生们究竟学到了多少知识——这个过程被称为"检查吸收量"，每隔一段时间就检查一次。他们发现如果不主动调查学生究竟吸收和掌握了多少知识，那么这块认知空缺就会越来越大，间隔时间越长，就越难把握学生的学习效率，所以优秀教师经常会自问自答："学生真的理解了吗？对此，我真的有把握吗？"
对练习而言，有计划有步骤地观察练习者的练习状态，确保他们掌握
要领，并准确做到你努力教授的所有细节，这不仅需要检查，而且还
要根据练习效果来进行指导练习。练习者如果在某个动作上没有达到
预期效果，可以再来一遍。这个环节可以添加到练习的原始设定里（练
习者回到起点，重新再来）或者安排在临时的一对一的面谈中（"查
尔斯，咱们就站在这儿，把刚才那个动作再来几遍"）。

　　检查练习者的掌握程度时，你需要对失败迅速做出反应，并积极
地做出修正与补救。但是由于检查评估的角度因人而异，所以就需要
我们把受训者的表现当成数据来进行分析。假如你在进行一次训练，
前三个人的动作都不正确，但是紧随其后的第四个人却做得非常标准，
你也许会以偏概全地认为："不错，他们都已经学会了。"听上去似乎
有理，但你内心正确的回应应该是："唉，四个人里头只有一个掌握了。"
换言之，第四个人正确的表现确实是个好消息，但它更应该引起你对
前三个人的关注，而不能成为庆祝练习成功的理由。

　　在本章开头时我们曾经描述过足球运动员用脚带球的练习情况，
球员们的动作不够准确，因此他们继续练习的结果就是把错误的动作
练得越来越完美了。其中一个关键的因素就是练习流程的设计，它分
散了教练和球员的注意力，让他们无暇关注球员身上是否闪现过成功
的瞬间，教练也没有办法监测他们是否正确掌握了所有的动作要领。
在这项训练中，队员要一气呵成地完成五个不同的动作，这让教练几
乎不可能有条不紊地采集有效数据，从而检查每个队员的掌握程度。
队员每一次转身之后，就会出现一个新动作有待检查：绷紧的脚踝、
弯曲的膝盖、脚尖离地等，这导致了教练不能有效检测到队员对于每
个技能动作的掌握水平。动作繁复的专项训练屏蔽了队员失真的技能

动作，增加了错误延续的可能性。

另一个导致失败的原因就是教练总喜欢将练习的难度翻倍，让学习的过程变得困难重重，以此来刺激练习者练得更好。如果在后院里让你的女儿击球100次能使她成为一名不错的击球手，女儿目前只能勉强接住时速每小时40英里的投球，那么我们会想当然地以为，击打时速每小时60英里的投球能让她的水平提高得更快，然而，事实并非如此！当投球的时速略略高于她目前的水平时，她可能有反应的时间对自己的动作进行微小的调整，这确实能更加有效地提高她的技能水平。但是，如果投球的速度过快，那她只能眼睁睁地看着球飞过，这非但不能帮助她合理有效地改善动作，反过来只会干扰、破坏她之前已经做得很标准的技能动作，为了击打到球而疲于奔命，极有可能让她形成一些不良的击球习惯。

认知科学家丹尼尔·威林厄姆在《为什么孩子不爱上学》一书中观察到，当人们面对具有类似于稍微跳几下就能够到的果子那种挑战性的问题时，进步得最快。如果任务难度的提高速度过快，那么学习效率就会降低。另外，韦林汉姆还注意到，人们喜欢在难度逐步递增的环境下解决问题，这就意味着当他们知道自己学得不错时，就会有足够的积极性去接受挑战。但同时，这也意味着失败的代价会很惨重，也许练习者会因此半途而废。除非有强大的意志力，否则没有东西可以支撑他们屡败屡战、越挫越勇。卢叔叔之所以对他前99次失败的奋斗史记忆犹新，也许就是因为在他的一生中，唯有这一次他是坚持到底的。

最后，我们有必要思考一下什么是成功。虽然我们希望练习者在练习的大部分时间里都能体验到成功，但理想的成功率却不是100%——如果真达到了100%，那就说明练习中设置的难度还不够。

我们希望有一个真实可信的高成功率，也就是练习者在绝大部分时间里都能正确到位地练习。如果练习者的错误层出不穷，那么就必须反省是否该让这些错误继续存在下去。也许是时候考虑重新设计练习过程，比如取消一些繁冗复杂的环节，暂时让任务变得简单一些，或者分解一组技能动作，让练习者专注于其中之一，又或者放慢速度，让练习者有足够的时间去应对复杂的问题，之后再逐渐提速。

根据过往经验，我们一般会采用以下目标来进行练习：你希望你的练习者能尽可能按照正确的示范以最快的速度完成任务。如果他们做得不对，放慢速度，然后返回到初始任务。这样做的必然结果就是，在尽可能按照标准示范完成最复杂的任务时，你的练习者可以接连不断地体验哪怕是不够完美的成功。如果他们做得不准确，就取消复杂环节，等到他们完全掌握剩余的动作要领后，再添加其他的练习动作。

练习方法不对，越练越错

• 合理设计练习环节，以确保具有可信度的高成功率，如果练习环节难度较大，确保练习结束时练习者能取得阶段性的成功。

• 随时检查练习者掌握技能的情况。如果练习环节过于复杂，练习者无法顺利完成，则需暂时简化练习过程，等到练习者正确掌握要领后，再加入复杂环节。

• 在任何一个练习环节中，让练习者尽可能按照正确的示范以最快的速度完成任务，或者尽可能按照正确的示范处理最复杂的任务。

专注于练习20%的核心技能

80/20法则，这条被经济学家视为可以解释一切的金科玉律，有时也被称为"重要少数法则"，它指出80%的效应来自20%的原因。事实一次又一次地证明，这不是巧合，而是一条颠扑不破的真理：80%的产出来自于20%的资源。仔细研究公司的账本，你会发现80%的利润来自于20%的客户。当你再深入挖掘这些优质客户的资料时，你又会惊叹：80%的有效信息来自于20%的数据点。之后，即便是你把成吨的钞票砸在剩下的数据点上，也不可能从中挖出多少有价值的信息了。

重要少数法则与练习同样密切相关。如果你想变得优秀，就应该专注地练习能给你创造价值的20%的技能，而不是把大量的时间花在另外的80%上。有一支传奇的橄榄球队曾投入了绝大部分的训练时间，把五个关键传球技巧练得滴水不漏，即便全场观众和对手都知道他们又在故伎重施，对手仍然无法阻止他们向胜利挺进的脚步。同样，你也必须以百分之百的热情练习这20%，尽量避开那些收效甚微的部分，然后像那支在赛场上锐不可当的橄榄球队那样去收获成功。把时间花在最重要的练习上，这样你才能变得更强大、更优秀。

当你通过不断练习学会自如运用某项技能之后，它的价值就会与日俱增。当练习者练到一定的熟练程度时，许多人都会说："太好了，我们已经知道怎么做了，现在让我们学习下一个技能吧。"但是，如果你正在练习的是最为重要的能产出80%效益的20%的技能，那就不要停止练习，哪怕你已经知道怎么做了。对于这20%的技能，你的目标是练精练透，而不仅仅只停留在熟练的阶段，继续练习，直到你能轻车熟路。

把最关键的事情做到无懈可击，远比做好更多仅仅有用的事情要重要，哈维·赫尔南德斯，全球公认的最杰出的中锋之一，在接受《英国卫报》的采访时曾做过类似的评论。哈维向大家介绍了一项塑造了西班牙足球灵魂的运动，并高度评价了该项运动的非凡意义。哈维说道："一切都拜回旋球所赐。"在回旋球这项运动中，四到五个球员沿着方形场地外延迅速传球，另外一到二个球员负责半道拦截。他解释道："回旋球，回旋球，回旋球。每！一！天！这是西班牙最好的体育运动。在玩的过程中，你慢慢具备了责任感，因为你不能让球在你手上丢掉，如果球丢了，你就得站到场地当中。在这项运动中，每时每刻都有人在触球。"这项独一无二的训练让球员们乐在其中，玩得不亦乐乎。球员的技能越来越好，而回旋球的练习价值非但没有减少，反而越来越大。最后，西班牙给这项运动专门起了个名字，足见回旋球在他们心目中的地位。要想像西班牙那样，跻身世界一流的行列，发展并拥有我有人无的优势，那就一定要关注练习量。当练习者在进行一项尤为关键的重要练习时，别忘了趁热打铁地加上一句"很好，让我们继续练，练到所向披靡"。

如何才能找到对你而言至关重要的20%呢？也许以往的经验已经

告诉了你答案。如果是这样，那么恭喜你。要是你对此觉得毫无头绪，就去翻翻你所掌握的信息和数据，也许它们能让你恍然大悟。你的客户有没有说起过你的哪项服务最让他们印象深刻？你的员工有没有告诉过你为什么敬重他们的经理？有没有什么数学技巧能让你在一年之后通晓代数？手术室里什么样的手术流程最为常见——或者哪个环节最容易出错？

如果手头上没有现成的数据，或者数据不够明确，那就依靠群众的智慧"集思广益"吧。在这里，我们冒昧借用了《纽约客》金融专栏作家詹姆斯·索罗维基的书名，他在书中指出，采集众人的观点来分析一个颇有难度的事情，结果往往会出人意料的精确——即便众人之中没有一个是"专家"。在另外一个案例中，有一艘潜水艇在某片海域神秘失踪，后来将众多科学家预测的消失地点转化成数值再平均化后，终于在公海数千平方公里的中心地带找到了它的踪迹。没有一个科学家的推测接近船只的位置，但是所有科学家预测位置的平均值却惊人的准确。

值得注意的是，20%会随着时光的推移发生变化，所以进行定期重新评估非常重要。测评你的20%，同时也是一种利用数据的聪明办法，新教师计划（TNTP）的领头人提姆·戴利，最近就是通过重新测评来修正培训教师方案的。戴利发现，参加培训的教师如果在头两个月里不能学会课堂管理技能，那么他们的实习往往会以失败告终。他让他的团队重新设计培训方案，将新教师的培训课题大幅削减，使教师可以全力以赴地进行专项训练，直到他们学会如何建立课堂秩序，如何打造班级班风。培训方案的方向性改变，使他们能将80%的时间花在不可取代的20%的技能培训上，也为新教师日后的成功打下了基础。在这之后，培训团队意识到，他们必须将更多的时间用来训练从长远来看更为重要的技能——又是一个全新的20%。

说到按照80/20法则来规划练习，也许你的第一个反应就是这会占用你更多的时间来制订计划。你的想法或许没错，因为你不可能在周五下午两点决定当天下午和同行一起开展教研活动，你也不可能在每天下午开车送女儿参加篮球训练的路上决定待会儿你们想练些什么。你必须画一张地图，上面标注着你出发的位置和最后的目的地。然后，你还得为自己那宝贵的20%设计高品质的练习环节，每个环节都要紧密相扣，难度也要逐渐增加。虽说这个过程的确比较耗时，但从另一方面来看，只要你计划好了，也就不需要再浪费时间把一堆练习项目杂乱无章地拼凑在一起，也许其中有些项目你只需要蜻蜓点水般地熟悉一下，而另一些完全可以不练习。

只要你先花一些时间更好地规划练习项目，日后你就可以反复使用这份计划。从长远来看，这种方法其实是帮你节省了时间，减少了工作量。

专注于练习20%的核心技能

- 明确你需要苦练的20%，因为它能为你带来80%的产出。
- 分清主次，练习最重要的技能，练习时投入的时间和精力应高于练习其他技能的总和。
- 预先规划，认真设计，节约时间。
- 设置微小变量，反复练习高产出、高回报的专项技能，而不是盲目地增加新的练习项目。

让大脑跟随身体，将技能变成习惯

我们有个叫莎拉的同事曾投入大量的时间去练习传达指令，她之所以这样做，是因为她的学生有时要大费周折才能按她的指令行事，而且几个在她课堂上听过课的教师也认为其原因也许出自指令本身：有时候莎拉的要求不够清晰和明确。

于是，莎拉开始练习传达指令。第一步，她先把一连串具体明了的可执行的指令一一罗列在纸上，这项技能我们称之为"做什么"。然后莎拉把写在纸上的指令大声地念出来，就好像她正在课堂上把指令传达给学生一样。她不仅对着自己读，而且还在同事面前练习，通过高声朗读，她发现了很多问题，也有了许多感悟，于是她不断地调整和修改指令。在她练习如何向学生发出指令期间，她把这个技能变成了一种习惯，也就是说，这成了她日常生活中一种自然而然的思考方式，所以哪怕只是短短的几分钟，她都会在她能想到的每一种情境中加以练习。

几周后，莎拉邀请一位同事去听课。课后，同事没有马上做出评价，而是问莎拉自我感觉如何。莎拉认为情况有所改善，授课过程相对而言顺利了许多。学生在保持良好课堂纪律的同时做到了有问有答，莎拉至少不必面对任务安排下去后学生一片茫然的尴尬。但她还是向同事表示了歉意：除了在上课一开始，整节课上她几乎没有机会应用自己练习过的技能。然而，听课教师的想法却和莎拉的正好相反，她看到莎拉在课上反复使用了那些练习过的技能，尤其在学生需要即时引导以帮助他们返回任务的时候，莎拉的指令非常清晰明了，导致学生很快就心领神会了。简而言之，莎拉在自己没有意识到的情况下运用了她所练习的技能。

莎拉周而复始的练习使技能变成了一种习惯行为。在课堂实践中，当她的思维在处理其他事情时，头脑却在意识尚未到来前率先跟着习惯走了。这样的体验对于天天进行练习的音乐家和运动员来说再熟悉不过了，当你不断地学习一项技能，学到后来便会成了一种自发的行为。客服代表在接受培训的时候，就一直被告知要冷静面对暴跳如雷的客户，所以他们在面对任何言辞攻击时都不会显露出一丝一毫的情绪波动，通过练习，他们已经把客户的各种冲动激烈的反应当成了家常便饭。

在《隐藏的自我：大脑的秘密生活》一书中，科教作家大卫·伊戈尔曼不仅揭示了人们一知半解的大脑处理信息的方式，而且还告诉我们脑部活动的一个重要特征，即人类的大脑在完全无意识的状态下，听令于那些通过反复练习而习得的行为。在一项以失忆症患者为研究对象的实验中，研究者让失忆者玩电子游戏，因为这些患者不具备短期记忆，所以玩过一次后，他们不会记得自己曾经玩过这个游戏。可是当研究者让他们再玩一次的时候，失忆者的得分居然提高了，而且提高的速度和记忆完好的正常人不分伯仲。于是，研究者得出了这样的结论：有些知识是你无须通过意识来获取的，你只需不断地练习便可获得。

当你在高速公路上疾驶时，你的脚会准确地移放到刹车踏板上，事实上，在你做这个决定时，你的大脑根本来不及对这个决定做出任何分析和处理。这种无意识的行为在生活中司空见惯，绝不是为了保证生命安全而刻意为之。对于那些以现场表演为生的人而言，训练自己的身体反应先于思维意识同样是非常必要的，伊戈尔曼提到一个带有讽刺意味的事实"一个职业运动员的终极目标就是不要去想"。反之，职业运动员的目标应该是在训练中培养"机械式编程"，只有这样才能"在白热化的赛场上不假思索地随机应变"。以棒球中的击球动作为例，一个高速飞行的球从扔出直至触碰到投手板约为0.4秒，而伊戈尔曼在书中描述道"意识从无到有所花的时间约为0.5秒"。因此，大部分击球手的意识都没法对球的飞行做出反应。等到击球手意识到球飞过来时，一切为时已晚。成功击球的关键就是击球手练就的习惯动作，在千钧一发时，击球手的击球行为像是一种不经思考的条件反射，完全不受主观意识的操控。

有意识地解决问题和自发的行为，这两者的协同效应如果通过大量的练习，就会得到很好的巩固和发展。如果你通过练习掌握了一系列技能，而且有意识地积少成多，那么当你面对错综复杂的问题时，你不仅能够应对自如，而且还能启用余裕的主观认知力去处理其他重要的事务。

我们的同事尼基·弗雷姆和玛吉·约翰逊，她们每天早上都会花十分钟时间练习如何应对学生出人意料的回答。经过几个礼拜的练习，她们完全可以驾轻就熟地应对学生各种天马行空的答案了。除此之外，她们发现自己还拥有了出色的协调能力，这就使得她们能够全身心地投入到繁重的教学任务中去了。

如果这种方法能在尖端领域或者错综复杂的环境中得以应用，那它所能发挥的作用是我们无法想象的。比如，医生每天花上几分钟，多练习几次如何在给病患检查身体时平静地对待冲动暴躁的病人。如果他们能做到这一点，那就是一举两得，一方面能有效遏制病人的激动情绪，另一方面也能提高医生处理病患关系的能力，这将有利于他们真正走近病人，更好地询问病症，做出更准确的诊断。当他们不必再为病人的坏情绪而分心时，他们就可以更有效地处理复杂的专业问题。

让大脑跟随身体，将技能变成习惯

- 强调将技能学习转换成习惯性的反射行为，使练习者在有意识地做出决定之前自发地运用技能。

- 将一系列相关的自发性技能加以积累整合，使练习者在处理复杂任务时做到不必刻意思考就能采取正确措施加以应对。

- 不仅要将基础性动作变成习惯，复杂精细的技能一样可以通过练习变成一种自发行为。

为什么你会在淋浴、开车或刷牙时脑洞大开

约翰·伍顿有一个见解：“练习是激发个人主观能动性和想象力的源泉。”如果说前面我们提到的“让大脑跟随身体，将技能变成习惯”解释了机械式练习的巨大作用，它让你可以在无意识的状态下提高效率，那么作为它的必然结果，在这一节中我们将阐述：在进行无意识行为时，有意识思维究竟在做什么。为了说明问题，你可以问一下自己，平日里你会在什么情况下脑洞大开。答案很可能是在你淋浴、开车、刷牙或者晨跑的时候，也就是说，是在你的身体正在执行你已经做了成千上万遍、已经完全可以不动脑就能顺利完成任务的时候。在你执行这些任务的过程中，你的思维是充满创意的。

运动员以及其他现场表演者经常会有这样的体会，当练习量达到一定程度后，在比赛的某个瞬间，他们的大脑会具备新的处理功能。这是因为那些经年累月练就的复杂动作已无需占用他们大脑太多的处理“空间”，突然之间，他们能抬头看到一个等着接球的队友，或是发现一条新的传球路线，这无疑让我们看到了更多通过高频练习形成的自发行为和创造力之间存在的密切关联，而约翰·克鲁伊夫在球场

上的不凡表现更好地证明了这一点。

克鲁伊夫被誉为有史以来最杰出的五大足球运动员之一，他因为具有无与伦比的创造力而广受赞誉。比赛中，当所有人都一致认为在某种情形下他势必会做出某种特定的反应时，他却偏偏另辟蹊径，一出脚就让所有人大跌眼镜——而往往就是这让人觉得匪夷所思的一脚却取得了石破天惊的效果。在一次采访中，主持人让他回忆一下有没有哪个球员在其青年时代与他同样出色，可最后却籍籍无名。克鲁伊夫一边回首当年，一边评述道："他们都是非常棒的球员，但在某个节点，你必须果断出脚，你和球的距离不能超过2米，而你真正可以控球的距离只有0.5米，如果放任球自行滚上0.5米，那就必丢无疑。如果此时对方球员跑上来贴身抢球，那就完了，你必须要做到更快。"克鲁伊夫并不认为自己比他人更具创造性，相反，他提到了那重要的20%。对于这重中之重的20%的核心技能，他已然练入化境，以至于无论对方如何抢、逼、围，他都能够自发地做出控球动作。正因为这样，他能够做到在身体自动做出技能动作时头脑依然有空当考虑动作以外的事情。所谓创意，其实就是一个经常躲在练习身后的淘气鬼。如果想要更有创意，一个绝佳的办法就是争取将更多的技能动作转化成习惯性的自发行为。如果你希望能在某些关键时刻让创造力破茧而出，或许你就要不断地练习，直到它们变成习惯性的自发行为。这样的话，你的大脑就自然会腾出更多的空间来安放更多的处理能力，从而进行创造性的思考。

在这里，我们有必要停下来认真面对这样一个现实的问题。像我们这样一个劲地宣扬练习多多益善，一定会让许多教育家坐立不安。很多教育界人士都对练习不以为然，在他们看来，练习就是高层次思维活动的天敌。他们认为，让学生通过机械式重复练习去记忆、学习，会阻碍创造性思维的发展，遏制认知能力的飞跃。

可问题是练习从来不会成为思考的绊脚石，正如认知科学家丹尼尔·威林厄姆所告诉我们的那样，如果不通过高频次的练习掌握扎实的技能和海量的知识与信息，那么高层次的思考无疑就是虚无缥缈的海市蜃楼。只有当大脑尽可能少地启用处理机制来应付低层次的问题，从而匀出足够多的应对高层次问题的处理机制时，才会有助于想象力的迸发。这种机械式学习方法与创造力之间的协同效应在亚洲广受推崇，许多研究者发现，许多高级思维活动是以机械式学习为基石的，创造力之所以能被释放，其实是因为思维自由了，而之前它被许多原本可以固化成无意识行为的事情给绑架了。

约翰·伍顿说过："当面对一个让人措手不及的挑战时，我和我的对手一样惊讶于我的球队能屡屡急中生智，化险为夷。"如何才能做到这一点，伍顿认为练习能让人在重压之下创意无限。我们开始验证这一观点，看看在教学培训班中不断递增的重复性活动能否激发创意、释放个性，我们将这一观点应用在一项被称为"强大威慑力"的练习中。在练习过程中，教师将练习如何告诫无精打采的孩子端正坐姿。参加培训的教师一个个轮番上阵，分别扮演教师、学生和导师（负责对教师扮演者的表现给出反馈意见）。练习的目的是让练习者学会运用身体语言向孩子发出指令，并确保他们都能依令行事。练习开始时，我们让练习者上台二到三次，然后我们发现他们一边思考一边扮演各自的角色。虽然他们完成了任务，但过程并不顺利，对自己的教学方式也没有多大的调整，于是我们做了一些改进。

首先，我们把原先每组八个练习者分成两组，每组四人，这就使得练习者的练习次数增加了一倍。首次尝试时，因为没有先例可循，也无法按图索骥，练习者必须摸着石头过河。但是因为练习次数增多了，他们的确学会了运用一些行之有效的手势。过了一段时间后，有意思的想法开始频频涌现，每一组都摸索出了如何顺利完成练习的要领，也明白了完成之后应该呈现出怎样的练习效果：端正的姿势，从容的动作，有威慑力的手势。变量在不断地减少。队员之间相互借鉴，慢慢地，大家所采用的身体语言开始趋向一致。有些教育家也许会以为抓住了把柄：瞧，这样的练习不就是在遏制想象力嘛！但是，当练习继续下去时，变化再次出现了，教师们对自己的手势、语气做了个性化的微调，久而久之，每个人都开始拥有了自己的风格，有的人雷厉风行，有的人和风细雨，有的人注重手势交流，有的人则更倾向于通过表情变化达到沟通的目的，这些改变带来了巨大的成效。

当每个成员大约练习了十五次后，训练结束了。其中一个教师的评价发人深省，在最后一轮练习中，我们让教师假想他们正在纠正的是班上学习最刻苦努力的孩子，那天他心不在焉的原因是因为考试成绩不够理想，"我觉得自己正怀着一种乐观的心态教书育人。虽然我是在纠正学生的错误，但纠错的意义是正面而积极的，纠错不再是因为她做错了，而是因为我在乎这个孩子，我想要关心她、呵护她。我应该从这个角度去理解教书的意义才对。"

我们一次又一次地回味着这位教师的话。这话语是如此鼓舞人心，让人充满了力量——一部分原因在于它体现了执教者一种内在的使命感，同时也因为它是源于一遍又一遍平凡练习后的思考。如果没有一开始看似毫无新意的练习，那么也就没有最后那句历练后的感悟。重复让人思考，而思考终将凝练成智慧。

为什么你会在淋浴、开车或刷牙时脑洞大开

- 习惯性练习能够节省练习者的思维空间，使其更具创造力。

- 在你最需要创造力的时候，请努力练习，让技能成为无意识的行为，以帮助你匀出更多的时间和精力去激发自己的潜能。

- 当练习者练到一定的阶段，能够深入理解练习的目的时，他们就会产生自己独到的领悟。

集中时间和精力设定练习目标

每个人都是带着目的进行练习的。但如果想真正把行动转化为成就，就要用目标取代目的，一字之差的两个词语之间其实包含了四个方面的差别。

目的和目标的第一个不同之处在于：目标是可以测评的，目的是指练习者知道自己想要练什么——比如，你想要练习传球，而目标则意味着在训练的最后阶段练习者能做到什么——比如，可以将球贴着地面准确传到20码开外的指定位置。

所谓目标可以测量是指在训练结束时你可以通过观察或快速测试得知练习是否成功，你不可能测量出队员在练习一小时之后是否学会了传球，因为你压根就没法设置条件去衡量传球的有效性，以及传球效果的好坏。相反，你可以清楚地看到队员是否能持续地把球贴着地面准确推送到20码开外的指定位置。当然，想要使效果量化，你需要把目标描述得更加具体清晰，如"能将球贴着地面准确传到20码开外的指定位置"。设定精确、可测评的目标能让你更清楚地知道球员可以做到哪一步，你的训练方法效果如何。

第二，目标是可以设法实现的。在一定时间内，你可以实现目标。你不能指望队员在一个小时内完全掌握传球的技能。他们需要长年的训练和磨砺，才能分清每个技能动作中的细微差别，悟透所有的技能要领，机动灵活地使用技能组合。但是，凭借前一轮训练中所掌握的技能，你也许能让队员在这一轮训练中，集中训练传球技能中的某一个环节。只有当他们把传球技能的方方面面都练得烂熟于心，他们才能将技能升华为艺术。

下面这个例子将会告诉你以上两条标准一样适用于其他专业领域。假设，你正带领着一群外科实习生工作，你要把之前的目的"我们要练习如何准备一台手术"变成一个明确的目标"我们整组人要一起练习如何应用术前备忘录，识别并更正微小的错误"。如果我们面对两个医疗团队，一个团队能相继实现十个明确的目标，而另一个团队则一口气把某个练习囫囵吞枣地练了十遍，作为患者，我们一定会更加信赖前者。

除了可测评、可实现之外，目标和指导也密不可分——你需要关注实习生在手术中的关键步骤是否正确。你要告诉你的实习生："要让手术顺利进行，你就得保证无影灯正好打在患者刀口的正上方，并能使用统一暗号告诉队友如何调整灯光位置。"而如果你是教练，在球员练习贴着地面长距离传球时，你就要随时提醒球员在触球时要注意控制脚踝和抬高膝盖。这样一来，练习者在训练过程中就会集中精神，牢记要点，准确无误地进行练习，而不是仅仅只满足于完成任务。

最后，一个有效的目标都是在练习前制定好的，这也是最有难度的一点。许多练习都始于一个念头"明天我要练什么"，当你问这个问题的时候，你其实已经开始行动了，可是目标还没有设定——只有行动，却没有动因。如果你不明白自己为什么开始练习，那么你一定不会明白你是否需要进行这项练习。反之，行动开始前，你应该先问一下自己，你的目标是什么，然后思考什么是实现目标的最佳途径。当你在练习之前设定好目标，那么目标就能成为一枚指南针，在你选择和调整练习方法时为你指明方向。如果你是在决定练什么之后才设定目标，那么它的价值不过是为你选择这项练习找些冠冕堂皇的理由罢了。

这其中的差别看上去似乎有点让人捉摸不透，其实不然。有一次，我们去观摩一位优秀教师上课，并把它拍成录像，这位教师任职的学校很普通，但他却培养出了一批又一批优秀的学生。拍好录像后，我们留下来参加该校校长主持的教学活动，他让教师们分别写下他们用于备课和设定教学目标所花的时间比例。校长走下讲台，让教师分享各自的回答。一位教师说："90%的时间花在安排课堂活动，10%用来设定目标。"当校长走到那个优秀教师面前，优秀教师回答道："10%的时间用来设计课堂活动，90%的时间花在了设定教学目标上。"优秀教师明白，你得先明确自己想要什么，然后再行动，这个具有战略意义的决定是教学中必不可少的环节。

还有一点需要补充，一个好的目标往往能和其他目标有机结合，发挥协同作用。目标的设定必须建立在练习者近期所掌握的技能之上，并且能指引练习者步入更高的境界——掌握更多的技能以及掌握得更加深入。

集中时间和精力设定练习目标

- 以可实现、可测评的目标取代概念模糊的"目的"，在练习之前制定目标，监督练习过程，随时提供指导。
- 制定一系列目标，逐渐增加目标的复杂性。
- 在练习中体现之前已掌握技能的练习目标。

在6秒钟内

凯莱布·波特，足球队教练，在球队的训练和比赛中为他的球员设定了可测评的目标。一旦球员失去了控球权，他们就必须在6秒钟内把球抢回来。如果超过6秒还没有夺回控球权，那么就必须回到常规的防守状态。相对绝大部分教练要求球员丢球后要不惜一切代价把球抢回来的目标来说，波特的这条被诸多西班牙顶级教练视为不二原则的目标更加便于测评。努力夺回控球权，这个大而化之的目标会让球员误认为他们可以在任何情况下做到这一点。相反，波特的目标"要求队员在比赛和训练的60%的时间里做到6秒钟内夺回控球权"，让他的球员更加明白他们要做什么，这样他就可以"用数字进行评价"，以协助队员实现目标。比如"40%的时间里我们实现了'6秒钟目标'，我们需要把这个时间段延长到60%，继续加油"，这就能让队员们始终清楚他们距离目标还有多远，以集中力量努力实现这一目标。

练习最擅长的，放大优势效应

练习的一个目的就是帮助人们从不会到会，从不擅长到擅长。这样的练习在我们的生活中扮演着重要的角色：我们寻找需要改进的地方，然后开始行动，但我们还要注意不要让思想陷入误区。从不擅长到擅长还远远不够，精益求精、登峰造极才是我们的终极目标，而要做到这一点，练习是一个不容错失的大好机会。

在丹和奇普·希思合著的《瞬变》一书中，两人创造了一个新名词"亮点"，用来形容经常被人低估的一个要素——什么能起到真正的作用。他们认为要认识到什么是对的，可不是一件简单的事。在这里我们要借用这个术语来提醒自己，在练习过程中，关注已经做得相当好的部分，然后争取做到好上加好，通过这种做法可以获得惊人的成效。

在道格对高绩效教师的研究中，一个最让人感到欣慰的地方就是他发现在教学中成绩斐然的优秀教师，其实在很多方面和成绩平平的教师没什么差别，他们也有不足之处，在授课过程中，他们也可能会词不达意，他们的教案有时候也会有问题。事实上，让这些教师卓尔不群的其实是他们的激情与活力。有一位叫比尔的数学教师，他在教学上屡创佳绩。课堂上的比尔有时在讲解中也会有失条理，虽然他会在教案设计中尽量弥补这个缺点，但谈不上做得有多么出色。有时他站在讲台上，会突然想起来刚才没把要点写在黑板上。另一些时候教案上明明设计了一个问题，可他在上课时却忘了向学生提问。比尔与众不同的授课魅力在于他能最大限度地激发学生的潜能，你只要一走进比尔的教室，就会感受到比尔的教学热情和充沛的精力。事实上，像比尔这样的教师有很多，只是他们的优势和缺点不尽相同，有人在激发学生学习热情方面比较薄弱，但却能写出一份一流的教案。

从比尔的例子我们可以得出这样一个结论，如果你想培养更多能突破常规的教师，也许就不能死盯着每一个缺点不放，而是要更多地关注那些能扩大成效的优点，不断强化这些优点直到他们可以完全抵消掉缺点带来的负面效应。如果一个练习者告诉你，他可以圆满地完成练习任务了，其实他的潜台词就是不必再练了，但事实上，这个时候更需要继续练习——因为不断地练习优点，能让优势越发明显，同时能使优势的效应发挥得更加彻底。练习优点就像一份额外的奖金，它让我们牢记什么是我们擅长的，并让我们坚信有朝一日可以在某个行业或某项任务中做出成绩。如果人们在练习中能体验到更多的成就感，他们就会练得更多，自然，他们也会变得越来越好。参与练习的人能力越强，就越能让一同练习的人充满信心，更加享受练习的过程。你可以给练习者提供一些能让他们施展自己优势的示范模式，或者安排一些任务让他们可以应用已学过的技能。发现一个人的优势并且为他提供机会和渠道，让他更好地施展才能，这也是一个公司能为员工所做的最有建设性的事情，同理，这样的练习对于练习者而言也是最富有成效的。

在进行团队训练时，练习队员的优势格外有效。在任何一个团队中，每个人的优点可以让其发挥榜样的力量，成为其他人甚至整个团队的示范榜样，最终整个团队都会因此受益。示范者也能得到机会展现才华，并感受到同行的敬仰，这将激励示范者本人变得更加优秀。渐渐地，所有团队成员都会尝试着彼此分享如何更好地将习得的技能应用到实际工作中，团队的整体素质也将因此变得更加优秀。

练习最擅长的，放大优势效应

- 识别并练习优点。

- 在不同的环境中应用已掌握的技巧以扩大练习效果。

- 让练习者的优点成为练习团队的示范，并在整个团队中推广练习。

享受练习的过程

每一位教练员都想通过不停地"加快步伐"和加入新的项目使练习过程变得富有趣味，这种做法并非全无道理，周而复始的练习确实会让人觉得乏味枯燥。然而，练习的价值与你的练习量是成正比的。你练得越频繁，练习的质量就会提高得越快。不断重复高质量的练习有许多好处，其中包括它能在很多场合让练习者越来越享受练习的过程。

练习重复的次数越多，练习者提高得就越快，技能掌握得也就越扎实。你不必花大量的时间去学习如何完成各种各样的练习，运用相似的训练项目，或许在某个细节稍做变化，你就可以跳过对新练习冗长繁琐的描述和示范。而对于练习者而言，他们可以从一开始就避免犯错，正确地进行练习。他们对于这个练习流程已经非常熟悉（比如，站在哪个位置，接下来做什么动作），这样，他们就可以全力以赴地学习技能。如果你担心这样练习会让练习者缺乏兴趣，那你就错了。在练习过程中知道自己是其中的一分子，知道自己该做什么并一直处于忙碌状态，这只会让练习者更加享受练习的过程。

约翰·伍顿的方法同样值得一试：记录优势项目的练习情况，回顾总结每一次的练习效果。适当地加以改进，练习的成效就会不断提高。你第四次练一个项目的效果绝对可以好过第一次，经过一次次的磨炼雕琢后，练习效果就会渐渐接近完美，不仅如此，你还会在练习过程中获得意想不到的创意。你可以将你的优势项目视为一种宝贵资产，不断地加以开发投资。

最后一步就是要给你的练习命名，这会提高你和练习者讨论练习时的效率（"这里我们要采用一下'10分钟上篮练习，开始吧'"），只需一句简短的"10分钟上篮练习，开始吧"，大家就能立刻明白接下来要做什么了。

专项练习宁多勿少，实战演练宁少勿多

乔治最近升职当上了校长，他正在酝酿如何召开第一次教职工大会。这可不是简单的差事，乔治必须要面面俱到。这次公开场合的初次亮相将确立他的领导方针与办事风格，他还将明确告知教职工，他希望他们以何种方式与他共事。他要使会议流程精简高效，要组织教职工在会上开展关于机构改革的讨论，要引导他们提出富有建设性的建议，在整个过程中，他都要让团队成员感到他在认真倾听并非常重视他们的意见。

在会议的策划准备阶段，他做了两个练习，每一个都至关重要，但方法却大相径庭。第一个练习由他自己独立完成，他将会议流程熟记于心，在每个需要征询意见或感想的部分，他将教师们可能给予的回答一一写在不同的卡片上。而后他每翻动一次，就把那张卡片上的内容大声朗读出来，然后练习如何通过积极倾听进行回应——比如，重复他们的感想，或是强调其中的某个部分，从而显示他正在严肃认真地对待教师们的意见，哪怕是他不赞同的意见。在练习过程中，如果他的语气不够恰当，或者他的回应略显生硬、勉强，又或者听上去

有些言之无物，他就立即重新朗读手上的卡片，再次做出回应。他将这沓卡片翻来覆去地练习，直到自己能够完全做到自然地、富有诚意地去倾听，去回应。

第二个练习，乔治请来了附近一所学校的校长卡莉来帮忙。卡莉让乔治把这次练习当成正式开会那天一样，将整场会议从头至尾演练一遍，她自己则在底下扮演不同身份的与会者，针对乔治的发言随时插入各种意见和评论——有些是按照乔治准备的卡片照本宣科，有些则是她自己即兴所想。卡莉不主张乔治把话说到一半就停下来重新修正自己的回应，乔治必须练习如何在正式开会那天，在设定的时间内，将所有的技巧应用自如，同时，他还要将与会者不可预知的情绪变化、会议流程中各环节的衔接，以及会议进行时可能发生的突发事件一并考虑在内——这其实和彩排如出一辙。

这两种形式的练习形象地说明了专项训练和实战演练之间的区别。乔治的第一个练习就是专项训练，练习关键在于把流程分解，暂时忽略大局，着眼于单项技能，让练习者能够专门练习一项技能，意图明确地把这项技能练到纯熟精透。这项练习要求练习者把所有的精力与智慧完全投入在一项技能上，它提高了这一技能的练习强度以及每分钟的练习频次。在会议正式召开的时候，乔治不会一口气说完所有的感想，这些感想会均匀地分布在会议的各个环节中。他也不必对每一位与会者的发言都进行点评，甚至没有必要在教师们的每一次发言时都做到认真倾听，自然，他也不会有机会去反复修改自己的点评。但在乔治的专项练习中，他分解了整个教职工大会的流程，有的放矢地对最需要改进的环节加以密集练习。他将所有能够预想到的与会者的反响集合在一起，进行频繁而紧张的反复练习。乔治之所以能成功，是因为他能够立即妥善应对那些让他感到措手不及的话。简而言之，他在模拟情境中，通过集中的应用性训练，选择性地提高了技能水平。如果他跳过专项练习，直接进行实战演练的话，也无非只是找到了练习的机会，却因此错失了熟能生巧的机会。

相反，实战演练却不是将过程分解，而是要尽可能地复制实战的复杂性与不确定性。乔治在卡莉的协助下完成的练习就是实战演练，在演练过程中，虽然降低了练习的强度，但却能让乔治更好地检验自己是否能在会议当天随机应变地施展自己练就的技能——即当实际情况超出他所预计和准备的范围时，他是否依然可以很好地实践技能要领。为了实现这个目标，卡莉想方设法地揣摩与会者的心理动机，设想与会者形形色色的开会状态，正式开会时，乔治没准就会碰到演练中出现的情形。演练过程中，卡莉不允许乔治在对自己的回答不满意的时候就停下来修改或重头来过。实战演练通常会模拟整个流程的几个重要方面，比如关键环节的进行顺序，你有多少时间，你的角色定位，或者你可能会遭遇的突发情况。有时候，实战演练会注重提高某个环节的难度。比如说，卡莉也许会扮演一个特别难相处的教师，他很可能是所有教职工中最不好应付的一个。虽然实际演练不像专项练习那样让参与者熟能生巧，但就重要性而言，两者不相上下。另外，它们的目的也迥然不同，专项练习旨在不断开发技能发展的空间，而实战演练则侧重于反馈评价和最后准备。前者让你一心一意地练习你想掌握的技能，后者让你向自己提问：你准备好上场了吗？团队中哪些成员已准备就绪？谁最善于应对现场压力？

什么时候进行专项练习？什么样的练习强度比较合适？什么时候才是实战演练的最佳时机？伍顿再次与我们分享了他的见解，他认为专项训练宁多勿少，实战演练宁少勿多。他非常清楚两者之间的差异，而他的球队之所以能在赛场上叱咤风云，关键就在于他们花在专项训练上的时间比其他球队要多得多。伍顿把实战演练作为球员评估留在最后，一旦看到球员们在训练场地上各司其位，伍顿就会全神贯注地投入到教学中去，这一点很重要。实战演练虽然充满乐趣，操作掌控起来也相对容易，但它会让球员们形成依赖，导致练习中缺乏明确的目标。

有些教练坚称唯有实战演练才能使队员将所有的技能统一合并，但事实上，一整套全面的专项训练确实可以将之前掌握的所有技能合并成一个有机整体。比如，在和卡莉一同进行实战演练之前，乔治可以在练习积极倾听时再加入另一个练习，使他能在做到积极倾听的同时把偏离主题的讨论重新纳入正轨。在这一练习中，乔治会在卡片中混入一些与他在会上设定的主题不太相关的评论，这样一来，乔治既有机会练习专注听讲，也能练习如何引导与会者，使他们的评论变"离题"为"切题"。虽然这样的练习听上去有点强人所难，但作用却非同一般。第一轮专项练习结束后，很多人都会迫不及待地在实战演练中一施所长，然而他们却发现过程远不如预想的顺利。这个时候一定不能灰心沮丧，一定要坚持练习，在所有领域中卓越练习者的秘诀就是始终信奉循序渐进的练习。

专项练习宁多勿少，实战演练宁少勿多

- 分解比赛流程，进行专项训练，意图明确地专门练习一项或几项技能。
- 利用实战演练判断你是否为正式上场做好了准备。
- 实战演练的成功往往是检验你是否真正掌握技能的最

佳手段——它能检验练习者在无法预知的时间、场合是否能够有效地运用技能。

- 在实战演练之前，可以考虑利用一系列专项练习将新技能和之前练就的各项技能加以整合。

反复练习正确动作，加强大脑记忆

约翰·伍顿说过，在练习中必须做到有错就改。这话一定会让你深信不疑，于是很有可能在之后的练习中但凡看到练习者的动作出现问题，你就会把她拉到一边说："路易莎，切入时要更快更凌厉！"是不是这样说过之后，情况就会如你所愿有所改善呢？也许。但是伍顿指的不是批评错误，而是纠正错误，两者的区别在于批评就是告诉练习者做错了，而纠正是让练习者尽快回到原点，重新再来，而且这一次要比上一次做得更好。所以在刚才那种情形下，理想的解决方式是让球员退回到发球线，练习更快更凌厉的切入技能。只有当他把开始时出错的技能动作做对了，纠正才算有成效。正如我们之前强调过的那样，练习其实就是通过不断加入变量，然后不断重复，把技能变成一种无需思考的习惯性动作。

在舞台上、在赛场中，你所有的一举一动都是练习时的复制，所以批评无非是告诉练习者她做错了，这对于改变是无济于事的。让练习者再来一遍，而且确保这次动作正确到位，只有这样的纠正才能帮助人们获得成功。

值得注意的是人体的神经系统几乎没有时间概念。如果你做对一次接着又做错一次，神经回路对于这两次的记录是相同的，它不会管你哪个在先，哪个在后。如果你要对错误的动作加以纠正，那么一定要多次重复正确的动作。假如网球运动员反手接球的动作有问题，纠正一次可以抹去错误，但如果将正确的技能动作反复做上几遍，那么这个正确的动作就会在神经回路中覆盖掉以前那个错误动作所留下的印记，所以要记得在错误纠正后说上一句："对，很好，现在让我们再多做五遍！"

在之前的讨论中，我们曾经向各位介绍过教师培训中的练习，在练习过程中教师通过不断的练习来告诫学生要昂首挺胸，坐姿端正。教师们轮番上阵，重复练习如何通过运用身体语言和语气语调告诉那些没精打采的学生打起精神。在反复的练习中，每个人每一次的表现都比上一次好。

练习环节中，我们注意到了批评与纠正之间存在着很大的差别。练习者听到我们的批评意见——"身体要端正，不要低着头"——很多时候我们只顾着批评，而忽略了给练习者纠正错误的机会，如果没有机会再次练习，那么对于正确姿势的记忆就会模糊许多。于是我们换了种方式，在指出练习者的错误后就马上让他们开始练习，并通过教练的反馈及时纠正不当之处。这样很容易产生立竿见影的效果，他们很快就感到自己的表现比之前有进步。我们化批评为纠正，而且因为示范明确，所以能做到即时改善。值得一提的是，在整个纠错过程中，我们可以通过观察自身欠佳的表现，然后进行更加有效的练习，最好是多次重复练习这个环节，我们完全可以实现自我纠正。

反复练习正确动作，加强大脑记忆

● 说服练习者以不同或更好的方式把出错的动作再做一遍，而不是仅仅告诉他们这个动作做错了或者本来可以做得更好。

● 当错误发生时，应尽快纠正错误。

● 寻找机会进行一对一纠错。如果你必须在大庭广众前纠正错误，那就先让大家明白这个错误非常普遍，然后让所有的练习者重复该动作，从而做到纠正错误而不是批评错误。

回　顾

练习方法	误解	反思
练习方法不对，越练越错	练习成就完美，努力带来进步。	单一的练习、一味的重复只会让你一成不变。如果练习方法失当，你将会一无所获，甚至适得其反。
专注于练习20%的核心技能	练习技能，多多益善。	练习最重要的技能，练得少一些，精一些，透一些。
让大脑跟随身体，将技能变成习惯	在场上随时准备好一边思考，一边运用技能。	在场上随时准备好自发地运用技能。
为什么你会在淋浴、开车或刷牙时脑洞大开	机械式反复练习会阻碍高层次思维活动。	高层次思维活动依托机械式反复练习。自发的行为为大脑进行创造性思考节省了空间。
集中时间和精力设定练习目标	你必须有目的地进行练习。	你应该在练习前，制定可实现、可测评的目标，练习过程中随时进行指导。
练习最擅长的，放大优势效应	练习你的薄弱环节。	练习你已擅长的事情，并且精益求精。
专项练习宁多勿少，实战演练宁少勿多	实战训练就是尽可能还原比赛的各个方面，而这样的练习形式才是最有价值的。	专项练习将比赛各个环节加以分解，专门对某项技能进行密集练习，较之实战练习，专项练习更加富有成效。
反复练习正确动作，加强大脑记忆	指出错误就能使人做得更好。	应用反馈意见重新练习，能使练习者不断进步。

2

如何进行
刻意练习

　　美国特种部队在2011年3月2日夜幕的掩护下，在巴基斯坦阿伯塔巴德登陆，悄悄潜入一幢掩体重重的房舍。接下来发生的事情已举世皆知，美国最勇敢、最训练有素的士兵一举击毙了世界头号恐怖分子本·拉登，出色地完成了艰巨而意义重大的任务。从某种意义来说，我们认为海豹突击队在该次任务执行过程中的完美表现是理所当然的。他们智勇双全，意志顽强，经过了严苛的训练。他们自己也强化了这种看法，当他们偶尔提及此事，你一定会听到他们这样说：“我们一生都在为这样的任务接受训练，这只是我们的工作而已。”

　　我们自然会觉得既然是特种部队就理应有这样的表现，他们是我们的作战精英。但是，回想一下1980年4月24日，同样是特种部队的一支小分队受命在伊朗营救五十二名美国人质，当时的结局却令人唏嘘。行动过程中，沙尘暴和飞机液压系统故障导致飞机不停下旋，最终致使一架直升机和一架运输机坠毁，八名机组人员遇难，这次行动的失败不仅重创了美国的军事威信，也延误了伊朗人质危机的解决时机。同样是经过严格训练的特种部队，为什么有人一举成功，有人却一败涂地？也许，造成两种不同结局的原因不仅仅是恶劣的气候和意外的追击。

营救人质行动失败之后，白宫调查委员会开始着手调查到底是哪个行动环节出了错，怎样才能让特种部队惩前毖后，防止相同悲剧重演。调查委员会敦促联合特种部队作战司令部认真反省，之后司令部针对类似的行动逐条修改了作战方案。在部署巴基斯坦突击行动期间，司令部搜集了所有可能涉及本案的各方面情报，包括本·拉登所在的具体位置，藏身之处的详细结构图，行动组成员攻入后可能会遇到谁。在"研究成功者，并进行正确复制"这一节中，我们将告诉各位在投入练习之前，你必须对练习有一个清晰的认知。海豹突击队同样进行了这方面的练习，他们不知疲倦、不厌其烦。他们在阿富汗的巴格拉姆空军基地按同等比例重建了本·拉登的居所，在那个仿制的建筑里他们演练了数周，反反复复地研究行动的每一个细节，细到门把手的旋转方向，以确保正式行动时万无一失。简而言之，突击队员们贯彻执行了全新的作战方针，这支精英部队通过高效的作战练习，以其勤奋、刻苦与力求完美迎来了美国近几年军事行动中战绩最辉煌的一天。

我们一直在思索到底是什么成就了有效练习，我们该如何练习，为此，我们总结出了很多方法。其中有些方法较为细微，比如，要为我们练习的技能以及练习项目一一命名。有些方法则相对深入一些，比如重新设计专项练习，使其在练习开始时专注于某项技能的掌握，之后再整合其他学过的技能。

从反思什么是练习到开展有效的练习，承上启下的关键是要牢记一点，仅仅明白你希望练习呈现出什么样子还远远不够，你的想法必须要转化成具体的行动。仔细设计行之有效的练习活动，准备好大干一番吧。现在，就让我们来看一下我们将如何开始。

研究成功者，并进行正确复制

关于如何练习，也许其中最为重要的一个方法就是知道如何才能获得成功。无论你从事何种职业，慢慢地学会鉴别业内专家，学会分析他们的专业表现，这本身就是非常好的教学课程。大师所展现的出众技能就是你的教学目标，你要以这样的目标来培养团队中的每个成员。

随着《点球成金》一书的大卖，奥克兰运动家棒球队成了人们津津乐道的话题。和其他球探、教练倾向于凭借个人眼光与喜好来挖掘球星和观看比赛不同，奥克兰运动家棒球队的经理比利·贝恩更侧重于客观地研究比赛，同时分析每一场比赛的统计数据。正如迈克尔·刘易斯在《点球成金》中所描述的那样，奥克兰运动家棒球队善于以低廉的价格招募那些乍一看并不起眼的明日之星，然后以极低的薪金组建一支能与劲旅扬基队抗衡的棒球队。他们从不把力气用在争取大牌球星上，但他们比任何人都清楚哪些才是懂得制胜技巧的真正高手，他们注重的是球员身上是否具备成为球星的潜质，寻找的是一种能将泛泛之辈与伟大球员区别开来的难以言传的素质。与此同时，比利·贝恩预备了大量的分析数据，而且他更注重一些其他球队通常会忽略的具体技能——上垒率和保送能力，而不是击球率，最终，他以精简的预算成功打造了一支骁勇善战的王牌球队。

分析比赛不仅能让你研究那些能带领你走向胜利的具体技能，而且能让你明白每一项技能所起的作用，以及区分它们的轻重关系。贝恩想要招募麾下的是那些能确保上垒率而不是击球率的球员，他知道能在本垒板展现过人的选球能力、上垒率更高的球员往往会有更高的保送率。这是一个不言而喻却又经常会被人忽视的事实，即你必须攻垒才能得分，他收集的其中一项统计数据，就是让球员明白所谓选球率就是自己能否判断投球是否在好球区内和成功击打的比例。贝恩因势导利，坚持不让球员冒险击打坏球。

但是当他花了一段时间去训练球员的选球能力后（假设这些球员之前对此毫无概念），贝恩发现选球虽然可以后天习得，但这种判断力更多的时候是一种与生俱来的天赋。于是，他果断地停止在现有队员身上进行这项训练，而是着力于锻炼自己的眼光去招募具有这种天赋的球员。

可是，如果贝恩错了怎么办？《点球成金》一经面世，就立即被当成球队挑选招募球员的一块试金石。然而，当贝恩将他的成功秘诀公布于众，那曾经在奥克兰运动家棒球队中大放异彩的招募策略，却在其他想要复制奥队成功模式的球队那里黯然失色。如果贝恩能发掘出练习的力量，揭示最终转化为选球能力的具体技能动作，也许其他想要模仿的球队就能依靠练习这种技能获得成功。因为并不是选球能力无法教授，而是它需要更多的研究，分析出那些对于好坏球有极佳判断力的球员究竟是如何练就这种才华的。

作者在书中采访了击打坏球率最低的球员斯科特·海特伯格。当被问及本垒板击球需要具备何种程度的耐心时，海特伯格说，挥棒的次数越多，暴露弱点的几率就越大。而弱点一旦暴露，他就必须重新调整挥棒动作，如果做不到这一点，就会惨遭淘汰，因此他一直重点训练自己四个方面的能力：击打任何球的能力；辨别哪些球能让他有所作为，或者寻找这样的机会；等待好球的耐力；辨识哪些是让他无功而返的坏球，并按兵不动。贝恩其实应该具备发现并研究像海特伯格这样的球员的洞察力——将那些看似不起眼却格外有效的技能整合成一套可以进行专门单项训练的技能动作——这样一来，奥队必然能再上一个台阶，成为培养明日之星的人才温床。

在探寻通往与众不同秘境的旅程中，我们同样非常注重过往经验的研究，而这些研究全都和如何鉴别哪些才是实现完美表现的方法有关。在这一点上，我们和比利·贝恩的做法不谋而合。当我们的团队刚刚开始观察那些优秀教师（他们所教的学生往往都具有双高标准，贫困生的比例最高，高分率也最高），我们发现这些教师通常并没有意识到他们在不经意中使用的教学技巧能收获如此突出的成就。事实上，尽管那些优秀教师具备了自我反省、自我改进的能力，尽管他们可以将一些不同的教学技能组合得浑然天成并驾轻就熟，这些教师还是没有将成就他们出色表现的技能结合自己的教学实际详加分析。

我们和我们的团队将多年来研究的教学技巧全部收集起来，并在实践中不断地更新升级。这么多年来，我们一直都在锲而不舍地观察分析一批又一批优秀教师的日常教学。研究的第一步就是在优秀教师身上发现他们的共通点——比如他们都不约而同地设定了"100%目标"：即让100%的学生在一堂课100%的时间里100%地贯彻执行他们安排的教学任务并服从他们的指令。第二步，研究团队发现优秀教师在实现这个目标的过程中都秉承着相同的原则。研究团队在进一步分析教学过程中的一些经典片段时，注意到教师们都掌握了一些技能来纠正课堂中出现的不当行为，而这些方法又都依循着一条相同的宗旨：用最不影响全局、最简洁温和的方式达到目的。经过细致入微的观察，团队发现这些技能综合了大量精密的细节，而其中有些技能非常容易被人忽略，同时团队还非常肯定，通过练习人们都可以掌握这些复杂的技能。

想象一下，这条建立在对无数次教学工作进行分析研究基础上的宗旨能在实践中起到多大的作用！要是没有具体技能来指明方向，我们又会退回到那些陈词滥调中去（"用心教学！""别不当回事！""对学生要有更高的期望"），虽然有良好的愿望，却缺乏实现愿望的明确步骤。响亮的口号、漂亮的标语会把我们引入误区，以为培养人才的最佳方式就是激励人心，调动积极性，而不是通过具体可行的步骤逐步地提高和进步。

在关于究竟是什么造就了优秀教师的研究中，我们首先就是依托数据分析鉴定哪些是优秀教师，然后对他们的教学过程进行跟踪拍摄，之后我们不断地观摩，不断地回放教学录像，直到归纳出这些优秀教师的共通性和他们的优秀技能。我们对此展开激烈的讨论，并一一描述和修正各自观察到的结果。通过实践来验证我们所总结出来的技能是不是制胜妙招，并且明确要想正确复制这些技能，练习者需要掌握哪些要点。毫无疑问，这是一个漫长的、循环往复的过程。

最后，通过不懈的研究、分析、整理、归纳，我们为培养优秀教师制定了一套明确而清晰的技能，这是我们培训的核心内容，同时也是培训的起点，而我们的受训者中既有执教多年的老教师，也有从未踏上三尺讲台的新教师，这是我们制订练习计划的准绳，也是设定练习周期的依据。要想练得准确，无论对于团队还是个人而言，第一步就是要正确分析比赛，寻找到赛场上的制胜技能。之所以能做到这一点，正是因为我们通过数据分析把赛场上的优胜者研究得滚瓜烂熟了。

研究成功者，并进行正确复制

- 通过数据分析优胜者。

- 鉴别优胜者的共通之处。

- 研究并具体描述共通技能，以便其他练习者能够参考学习、准确复制。

将技能分解，进行专项练习

心脏手术堪称是一项繁复浩大的工程，一个医生在踏上手术台为病患实施心脏手术前通常要练上好多年。千头万绪究竟从哪里入手？让医学院的学生明白整台手术的流程，并在脑海里形成一个整体认识固然重要，但真正的训练却始于翻来覆去地练习某个简单的技能动作，练完一个再加一个。也就是说，将复杂的技能分解成一个个简单的技能进行专项练习。以创口缝合为例，这是心脏手术众多环节中的一个，它本身就由许多个步骤组成，需要进行逐一分解，初学者必须学会如何正确地握住缝合器械，如何打结，如何关合创口，如何选择缝合线的材料，如何缝合需要术后插管的伤口。在初学者能够上手术台前，他一定花了N个小时在橘子皮上练习打结。这就是专项练习的核心内容：将每一个技能或技能动作分解成一个个便于练习者快速领会掌握的步骤。

当然，练习的终极目标依旧是将新技能与之前掌握的技能有机结合，融为一体，使其能在一场重大赛事、一台手术、一节阅读课上发挥作用，但在一个可以简化的练习环境中，分解练习技能动作通常是实现这一终极目标的第一步。这听上去也许有点不可思议，但事实确实如此。分解练习必须认真设计，从而实现你在练习中的预期目标。在制定练习方案时，先明确需要分解技能的单项训练。

要想更好地理解什么是分解技能的专项训练，请先让我们来看一下非凡学校培训教师的一个案例。为了让教师更好地掌握之前所说的"100%目标"的教学手段，我们必须要教会他们如何高效地运用身体语言，于是我们研发了一项特别的练习。首先我们为教师准备了一份清单，上面罗列了在某堂课上他们可能会看到的一些典型的不良表现（例如，学生无精打采地耷拉着脑袋，不合时宜地高举手臂，无所事事地望向窗外，或是心不在焉地两脚相互磨蹭，玩弄自己的皮鞋）。我们要求每位教师设计两到三个手势，提醒学生改正自己的不当行为（例如，先举起右手而后快速放下，告诉学生在同学发言的时候不要总是举着手急切发言；或者双手抱胸，挺直腰背，告诉学生要端正坐姿）。为了有效分解这一技能，我们要求教师一边开展他们熟悉的教学活动——教一首儿歌，或是诵读一篇文章，一边运用这些手势。与此同时，台下一部分受训者按照事先安排的计划扮演问题学生，台上的教师必须在不打断授课过程的前提下，熟练使用手势纠正学生的不当行为。

我们通过几种方式降低了课堂环境的复杂性。首先，安排大部分学生都在认真听讲，这样一来，教师就无须不断地监控大部分学生的情况。其次，预设并事先告知教师哪些是问题学生经常会出现的不当行为——于是，教师就会有心理准备，哪些学生会做出哪些具体的动作——我们甚至要求扮演问题学生的受训者尽量夸大动作幅度以便教师能够一眼识别。同时我们还消除了进度压力：在确保大部分学生认真听课的前提下，教师不会顾此失彼，他可以按照自己的节奏一边上课，一边从容地练习手势。

在这一专项训练中，教师可以反复练习手势直至他们可以熟练自如地加以运用，最好能下意识地与他们的日常行为模式形成一种密切关联，并不断强化。由于不断地练习，教师很可能在教学活动中无意识地使用这种手势。

现在让我们来认识一下托尼，他是一位销售经理，目前正在组建一支全新的销售团队，他非常期望团队的销售业绩能在全公司独占鳌头。托尼想尽快把团队成员派出去开展销售活动，所以他快速地把团队成员所需要掌握的所有销售技能倾囊相授，并让他们在同一时间练习这些不同的技能：比如不请自来的推销术，主持销售会议等。团队成员练得非常投入，因为他们知道这些都是他们叩开成功之门的敲门砖。在一旁督导的托尼眼见着每个人都在进步，有些新人甚至已经很好地掌握了技能要领，于是托尼就将他们派出去推销产品。一开始，效果很不好：业绩不佳，销售人员士气低迷。托尼重新审视了自己的团队，发现问题五花八门。有些成员之所以失利，是因为他们忘记了一些最基本的销售技巧，比如目光接触，善于倾听。另一些做得不错的成员其实也忽略了这些技巧，但是他们找到了弥补的方法。有些成员没有摸清客户的基本情况，而且他们也没能与客户进行有效的沟通。另一些倒是搞清楚了客户的底线，但是却不善于倾听客户的需求。整个团队不断地使用错误的销售技能开展销售活动，结果只会是不断地强化这些错误的技巧，销售业绩自然无法大幅提升。托尼很清楚，长此以往他们只会止步不前，唯一的补救办法就是把他们带回原点，重新教授这些基本技能。

在专业团队中很容易出现类似的情况。期望公司新人能有出色表现，却忽视了去了解新人对于每一项必要技能究竟掌握了多少，这种普遍的操作模式实在欠妥。在新员工的上岗培训中，培训者很少要求新员工对每项必须掌握却容易被忽略的技能进行专项训练。最佳的解决方案就是让新员工退回到原点，由专业督导重新进行培训。但在很多时候，公司往往会让新员工用拆东墙补西墙的方式勉强前行，最后你要么不得不雇佣其他人来弥补这些新员工的弱点，要么就是你必须充当救火队员代替无计可施的新员工冲锋陷阵。仔细设计新员工培训项目，能为员工日后实际工作中的优异表现打下扎实的基础，这一做法与盲目冒进相比，其优势与益处不言而喻。

将技能分解，进行专项练习

- 在教授某项技能时，应让练习者进行专项练习直到他们完全掌握。
- 由于没有进行专项练习，或专项练习不到位，应当机立断退回原点，重新进行专项练习。

让练习返璞归真

在球队开始练习投篮和运球的时候，约翰·伍顿通常会让球员进行无球练习。他在《伍顿的领导力》中写道："训练时我要面对的难题之一就是球员想扣篮得分或争抢篮板的本能反应会让他们因小失大，因为这种本能就像是诱惑船员的塞壬之歌（海妖塞壬以甜美的歌声来引诱海员把船驶进暗礁满布的海岸，使得过往的水手倾听失神，迷失方向、迷失心智，导致溺水而亡，航船触礁沉没），往往会让球员无法顾及那些能确保他们成功扣篮和抢得篮板的基本功训练——比如转身策应、手腕和手臂的动作、传球的路线等。"伍顿将这些吸引球员妄想一步登天、完成又炫又酷技能动作的因素称之为"樟脑草"（樟脑草的香味能吸引猫咪），因为它们会让球员无法专心致志地投入到基本动作的训练中去。我们通常会听从本能的召唤，动用这些"樟脑草"让练习变得更具诱惑力，以激发球员的练习兴趣，然而伍顿却想方设法地在练习过程中将这些因素一一剔除，让练习返璞归真。

为练习命名，减少沟通成本

每个要开公司的老板，都视起名为头等大事，为了给自己的公司起个响当当的名字，人们不惜投入大量的时间和金钱。如果你是公司的老板，你肯定不会选择那些平淡无奇的字眼，因为这个名字将跨越时间与空间，与公司的命运息息相关，你一定希望这个名字能够代表欣欣向荣的形象，紧跟公司发展的脚步。

虽然你很清楚名字的重要性，但在建立、培养团队的过程中，你却往往会忽略这一至关重要的环节。你其实有机会为你每天都要练习的技能起一个又上口又好记的名字，如果你经过深思熟虑，为你一直钻研的练习起一个意味深远的名字，那么它一定能让你的练习如虎添翼。

为练习的技能起个名字，其实相当于在你的团队内创设一门专属的语言。如果这些行之有效的技能恰恰是你希望团队成员能够专心练习的项目，那么理想的名字应该是合理并且便于记忆的。不仅如此，一个好名字还能成为一项技能的"形象代言"。如果道格当初将后来被冠名为"100%"的技巧称之为"每个人"，那么后者就远不如前者那样恰如其分、充满力量。每次当我们以"100%"讨论这项技巧时，都能切实感到这个名字所象征的技巧本身所蕴涵的力量，而"每个人"则完全没有这种效果。明确每种练习的特性是命名的前提，但仅做到这一点并不能保证你就可以找到一个合适的好名字。同样的，仅仅在文字上精雕细琢而没有搞清楚不同练习之间的细微差别，也无法找到一个让人心领神会的名字。只有对练习的本质有一个全面深入的认知后，再结合一定的文字技巧，才能为练习的命名锦上添花。一个好名字能成为一种极为有效的管理工具，在一定程度上帮助你节约宝贵的资源——时间。有了共用的"专门语言"，无疑能提高团队的练习效率，这就相当于在不变的时间内节省了更多的时间和精力去培养更多的人才。

有时候好名字是练习过程中的灵光一现，但更多时候，你需要仔细推敲，认真挑选。你不会愿意起一个曲高和寡的名字，因为这会让团队成员一提起它，就感觉自己属于使用暗语的特殊人群。你也不会希望给一项简单明了的练习冠以一个复杂冗长的名字，你要避免掉入俗语的圈套，这种毫无辨识性的语言往往会将含义清晰的信息变得晦涩不明（比如"大伙凑一块儿"从字面意思上看可以单纯地表示"大伙碰个面"，也可以表示深层意思"集思广益"）。切记：练习的命名必须意义明晰，而且必须确保名字在使用过程中始终保持一致。

记住花点时间为你的练习命名，在练习时，你要经常使用这些名字，在与相关者讨论练习表现、练习成效时，坚持让他们使用这些名字。仔细倾听，注意你的团队是否能一直使用这些名字来谈论练习，如果出现不符合的情况要及时纠正。对于名字的选择，你务必认真琢磨，以免同一个名字在不同的人群中产生歧义——一个恰当准确的名字也能在设置练习项目时发挥强大的作用。

为练习命名，减少沟通成本

- 为每一项能成就我们优异表现的技能命名。
- 检测这些共用词汇的使用情况：在你使用这些名字的同时，要求团队成员也积极地使用它们，加强监管，确保这些名字的正确使用。

模拟真实环境，整合所练技能

在练习了众多专项训练之后，我们就要开始将各种技能统合起来，使其能在真实的环境中加以运用，但这并不是说你就可以立刻开始实战训练了。当你开始要整合各项技巧，使其成为更加真实可靠的技能组合时，你必须注意以下几个方面：（1）在模拟真实情景中练习技能；（2）灵活运用技能；（3）使练习环境尽量接近真实环境。

模拟真实情景

在FourFourTwo.com网站上有一段曼彻斯特联队教练雷内·穆伦斯汀关于提高技能的采访视频。据他观察，大部分球队都在使用"一对一专项练习"，即一个球员控球，另一个对其进行逼抢，以夺取控球权。他们通过这种方式来训练队员的控球技能，但是穆伦斯汀认为仅有这种训练还不够。在"一对一"的训练中，你还需要安排防守队员或从侧面进攻，或从身后抢球，或从前方的某个角度逼向控球队员，你必须将比赛中所有可能发生的情况都考虑在内，而这就是分解技能和整合技能的连接点：你必须学会在各种真实的情景中掌握并应用基本技能，如果做不到这一点，那就意味着你并没有真正掌握这项技能。以控球为例，大部分人都会认为只要练习如何应对防守队员从正面抢球就万事大吉了，但事实并非如此，遭遇对方队员正面抢球恰恰是比赛中最不可能遇到的情形。

灵活运用技能

非凡学院的一次暑期职业培训中曾发生过这样一个小故事，它恰好说明了灵活运用技能的重要性。培训工作室正在向教师介绍"100%"的教学技巧，一位新教师在利用身体语言纠正学生不当行为的练习环节中表现得非常好，她可以熟练地使用各种手势纠正学生的不当行为。下一步练习提高了难度，它要求教师能在更接近真实课堂活动的角色扮演中灵活应用已经掌握的"100%"技能，这位新教师要尝试迅速而成功地让心不在焉的学生重返任务。之前，她刚刚练习过在不中断教学的前提下使用手势提醒并纠正学生开小差的行为，但是，在这次角色扮演中，她忽然要在非授课情况下应对两个学生的不当行为。整个"班级"都看着她尴尬地站在教室前面，想尽办法要让开小差的学生注意到她，只有这样才能施展她最拿手的手势来制止他们的行为。现在她和其他教师都已经意识到，她所认为的最有效的手势在当时的情形下其实并不是正确的选择，那个节骨眼上她应该迅速地给出口头警告，或者直接指名道姓地制止学生的不正当行为。

虽然这位教师的表现已表明她已经应用了之前经过专门练习的技能，可事实上，她并没能把掌握的所有纠错技巧有机结合在一起。现实总是攻其不备，在当时的突发情况下，她面对的问题不再是如何应用已学会的技能，而是在紧急时刻应该选择哪项技能加以应用。从表面上看，整合技能无非就是复杂性的逐层叠加，但实际上，在这个过程中需要加入一种新技能，即能够迅速判断哪种情况应该采用哪种技巧。所以，必须承认，为了确保各项专项技能整合成功，我们要学会在特定的时间里灵活运用技能。同其他技巧一样，我们也可以通过练习来掌握这个技能，灵活运用技能的练习目标就是能为接下来采取什么行动做出正确的抉择。这一练习或者会预设两三种情况，或者要用到两三种技巧，又或者两者兼而有之。这就相当于你要把同一个剧本演上好几遍：每一遍的开头都相同，但之后会遭遇到不同的岔路，它需要你在刚刚建立起来的技能体系中找出最合适的技能加以应对。每一轮练习之后都要对你有没有做出正确选择进行思考与反馈，只有这样，你才能逐步掌握做出正确决定的技能，并使它成为一种直觉反应。

使练习环境尽量接近真实环境

尽量使练习环境与现实环境相似，因为只有这样，才能在实际表现中更加自然地运用已经掌握的技巧，而你通过练习所培养出来的本能反应就会适时地跳出来应对各种情况。另一个保证练习与实际相似的方法就是注意练习的环境，"状态依赖学习"是指你所处状态的若干因素都会影响你的学习和记忆信息的能力。因素之一就是你所处的环境，比如，如果考试的地点就在你平时学习的房间里，你的成绩会较在其他地方考试有所提升。事实上，只要使练习环境无限接近比赛环境，人们就更有可能在正式上场时复制练习中的成功经历。

威尔康奈尔医学院的技术中心就是一个非常典型的例子，它为住院实习医生和主治医师提供了一个仿真的临床环境，让他们在练习的同时规避了误诊和伤害医患关系的风险。整个技术中心的每一个房间都是医院的翻版，练习室里的所有设施、装备都和医院里的一模一样：相同的床位，相同的器械，甚至包括模拟训练室里的墙壁颜色。医学院之所以如此大手笔地在练习环境上动足脑筋，正是因为高投入会带来高回报，它能帮助医生在现实医疗环境中更好地学以致用。

更加真实的环境有助于练习者更好地整合所学技能，如果把练习室按照教室的样子来布置，教师可以像上课时那样边走边讲，那么练习效果将会更佳。如果能将练习场地设在真正的教室里，那就再理想不过了。身边的环境会让教师对练习时所获得的成功记忆犹新，这有助于教师更好地运用所练习的技能。

模拟真实环境，整合所练技能

· 在教完不同的技能后，让练习者通过练习学会面对正式比赛或实际工作中可能出现的各种突发情况。

· 设置练习，帮助练习者因地制宜，在适合的场合做出与之相匹配的正确选择。

· 模拟真实环境，以确保成功的场下练习转化为成功的实战表现。

制订优质练习计划，有效推进练习

谁都不会质疑为练习制订计划的必要性。教练、经理以及员工培训师在他们训练球员、培养员工时都会制定一张时间表。议程已经出台，幻灯片已经备齐，讨论主题也经过了逐字逐句的反复推敲，一切似乎都已经准备就绪，但是你是否思考过一份优质计划的要素究竟是什么呢？哪些要点能确保计划有效推行呢？在过去几年里，从我们通过管理非凡学院日常事务中所获得的经验教训来看，如果你做到了以下三点，就一定会获得丰厚的回报：（1）牢记计划中必须带有量化的目标；（2）计划要详细到每一分钟；（3）预先排练并调整计划。这些听上去似乎都很寻常，然而，如果我们像大多数人一样不愿在计划上投入足够多的时间和精力的话，练习也不可能达到我们想要的效果。我们建议各位认真地制订计划，最终你一定会发现一切付出都是值得的。

计划中必须带有量化的目标

在前一章中，我们讨论过练习必须要有一个明确的、可测评的目标，并且要限制目标的数量，对于目标达成的状况也应该有一个清晰具体的认知。如果遵循这样的思路，我们的练习效果将大为改观，但是还有一个问题有待解决，那就是如何知道你的团队需要什么，只有弄清楚这一点，才能为你的练习找到正确的方向。

在纪录片《赛场灵魂》中我们发现了一直想寻找的答案。影片讲述了比尔·莱斯勒的故事，他曾是华盛顿大学的税务教授，之后他辞去教职成为了一名高中篮球教练。你可以在影片中看到莱斯勒将对数字、数据表的偏爱转移到了录像和数据分析上，以此来提高罗斯福高中女子篮球队的整体表现。在他执教后的第五年，罗斯福高中女子篮球队拿下了全国冠军。

你可以看到莱斯勒每天都工作到深夜，不停地回放、研究比赛和练习录像，分析每个女孩子必须攻克的技能难关的各类数据（比如一对一防守、掷边线球、传球、快攻），不仅如此，他还以此为依据，为每一项技能练习都制定了精确到每分钟的训练方案，并判断对于个人发展和团队整体表现而言哪些技能动作是至关重要的。在这些极具价值的统计数据的帮助下，他制订了一份练习计划，其中罗列了球员们需要练习的技能、练习多长时间、和哪些球员一起练习。他先设定了目标，然后为实现目标设置了专项训练。

教练和领导者通常会忽略练习必须以数据为导向的重要性，然而，优秀的教练总是能根据队员的场上表现不断地调整练习，使练习能够满足球队的需求。当球员出色地完成了既定任务时，你可以增加练习的复杂性；当他们举步维艰时，则可以降低练习的难度。这个以数据为导向的分析过程和不遗余力地鉴定哪些是必须掌握的技能是相辅相成的。你可以将这些能够带来优异表现的关键技能罗列在一张清单上，然后按照设定的优先顺序逐一进行训练，并为每项技能的练习设置训练时间。在提醒团队需要学习哪些技能时，这份清单所起的作用举足轻重。但当数据告诉你团队的需求发生变化时，你的清单也应该进行相应的调整。

计划要详细到每一分钟

一份好的练习计划不能留有悬而未决的问题，比如哪项专项训练应该安插在哪个环节，或者谁有机会练习哪项技能。练习中途不会有时间让大家投票选举哪项练习是大家的最爱，也不会因为提前结束练习而空出许多时间。一个能使练习成功开展的计划一定会将每一分钟都用到极致，它会在练习的每一分钟都安排有用且必要的活动。

北星网络的总裁保罗·班布里克创立了一套制订计划的流程和模板，即"实践学习"模板，现在已经推广到所有的网络中。它要求计划制订者准确拟定出每个练习板块的目标，为了实现既定目标他们将开展何种类型的练习活动，每项练习将投入多长时间，在练习过程中需要使用什么样的辅助工具。开始时，有人对如此周密详细的计划抱有抵触情绪，它不仅耗费时间，甚至还要求练习主导者对自己的每个提问都字斟句酌，并且要预设每一个练习者会有怎样的回答或产生何种想法。

事实上，通过如此细致入微的计划制订，你可以预先知道：为了确保练习者实现既定目标，你该如何利用练习过程中的每一分钟。它能让你清楚地知道你在练习中的投入（团队成员的时间资源）和你在练习中的收获（良好的练习成效）是否相当。

预先排练并及时调整计划

关注结果的教练不仅会将计划安排至最后一个细节，甚至还会对计划进行验证和排练，以确保练习能够顺利开展。以华盛顿红人队的教练麦克·沙纳罕为例，他在练习准备阶段所花的时间要远远多于练习本身。记者巴里·斯弗卢加对沙纳罕进行了跟踪采访，他发现教练预先拟定了长达四十页的脚本，上面列明了所有的练习步骤，而之后的练习就是以此为参照进行的。在正式开始练习前，教练将整支球队带到练习场地，按照练习脚本进行排演。通过不停地走位让每个队员都清楚自己该在什么时候站在什么位置，以确保纸上的计划能在训练场上完全实现。整个过程其实都在解释下一步该怎么做，或下一步该做什么样的动作。而到了真正练习的时刻，每个队员都已准备好全力以赴地利用每一秒去执行教练的计划——不停地改进并牢记通往成功的步骤，而不是浪费时间来谈论他们该做什么。

花时间预习将要进行的各项活动能让练习变得事半功倍，而且也有利于更好地制订练习计划。只要我们投入时间预先排演练习，那我们就能在正式练习开始前改进练习活动，简化指令便于练习者理解，并能有效参考成功的练习案例。难道这一切不值得你投入时间吗？现实中，你总是在和时间赛跑，争分夺秒地努力落实每一个细节的练习，但事实上并不是每一项练习的每一个环节都能预先进行细化。即便如此，只要将练习视为能实现不断进步的手段，你就会想方设法地帮助团队进行练习。要想更好地引导团队进行练习，较好的方式就是在练习过程中摄像——不仅可以针对一对一的练习教学，而且还可以针对诸多练习者一同参与的团队练习。然后，对录像进行分析，并针对如何改进练习给出反馈意见。只要能够抽出时间预先排练和调整练习，我们的付出就一定会有收获。

制订优质练习计划，有效推进练习

- 牢记计划中必须带有量化的目标，并准备好做出调整。

- 计划要详细到每一分钟。

- 预先排演并及时调整计划。

建立紧凑的练习程序，翻倍练习成效

如果想成为一名教练，你的第一想法可能就是去买一支口哨。这里所说的口哨是一种比喻，虽然有时候我们指的也是口哨的字面含义。事实上，也许你愿意带着一只真正的口哨率领队员们训练。其实，你并不是真正需要口哨，你只要这样告诉队员：“好吧，伙计们，大家都给我听好了。停下所有的动作，都到我这儿来，我想说一下刚才练习中出现的问题。”然后，你就可以集中精力开始讨论队员所犯的错误了。

坦白说，这么做简直就是灾难。无论你是在主持一场上千人参加的大型广告销售培训，还是召集部门经理练习如何有效评估职员表现，以上的言辞无疑都会破坏练习的效果。大声说完这番开场白要花上十秒左右的时间，我们假设队员们在听到指令后都能第一时间走上前（当然，只有在他们看到其他人都走上前时才会这么做），姑且不去考虑你下达重复指令或等待队员上前的时间。如果你的说教能在三十秒钟结束，那还算幸运。三十秒过后，毫无疑问你已经错失了最佳时机。反馈时间一经拉长，反馈的效果就会大幅降低，更糟糕的是，你在浪费练习者宝贵的练习时间。

事实上，要让满屋子正热火朝天参与训练的练习者停下来听你说话并非易事。他们都是成年人，不是教室里的孩子，吹响口哨强制吸引他们的注意力，会让他们觉得非常不自在。但从我们在非凡学院的培训经验来看，尽管这样做非常困难，但却是非常必要的。最开始的时候，每次我们要打断若干组练习者，让他们暂时停止小组任务，我们都会为此挖空心思寻找可以说服他们的理由。练习者们显然不想停下来，他们还想继续小组讨论，我们也不想让他们觉得我们是存心打扰他们，于是只能尽可能礼貌得体地拉回他们的注意力，然后耐心地等待每一个人说完他们想说的话，然后才发表我们的意见，结果当然很糟糕，我们为此浪费了许多时间。我们知道必须解决这个棘手的问题，于是我们开始用拍一下手来吸引大家的注意。第一次尝试时，我们告诉练习者当他们听到我们拍一下手时，就是要求他们暂时停止讨论。我们明白他们不想被打断思路，对此非常抱歉。我们很高兴他们有这么多想法想要表达和分享，但同时也希望能节约他们的宝贵时间，充分利用每一分钟，所以我们要求他们能迅速地听从指令。

事情进展得非常顺利，我们确实节约了很多时间。但是拍一下手这个指令似乎还不够完美，练习者有时没有听到这个信号，或者分不清楚这是有意为之还是谁的无心之举，于是我们决定加以改进。最后我们发现连拍三下手这个信号清晰可辨，足以让每个练习者都听到而且迅速做出反应。有时候，我们在发送这个信号的前十秒先短促地拍两下手，这是一个预警，告诉练习者可以慢慢地停下讨论，这就让随后而来的三连拍显得不那么唐突。有时候，我们让练习者拍一下手回应我们的指令，表示他们会积极配合。每次需要告知练习者暂时停止练习时，我们都会使用拍手信号，而练习者每次听到信号，都会做出相同的回应。简而言之，拍手就是我们的口哨，它的确帮助我们节省了大量的时间。

练习效果有好有坏，企业工作效率也有高有低，其中的差异就在于有没有建立起一套完美的工作流程，让你以无可比拟的效率开展工作，从而获得极高的产出。如果没有这些工作流程，练习不仅浪费时间，而且将毫无所获。

优秀的组织都会使用清晰可辨的信号来干预训练，从而使练习尽可能变得紧凑高效，即使是在专业环境中，即使练习者都是成年人。这就意味着不仅要发出信号告知练习者什么时候暂停练习，而且还要告知人们什么时候结束暂停，重新回到练习中去。同时，练习者也能做到心中有谱，知道他们有多长时间开展练习，这样就能有计划地按时结束，练习者因此也能明白他们可以或者应该在什么时候、以何种方式进行练习。

到底什么事会导致浪费时间？你可以采取何种措施避免这种情况发生呢？下面我们将罗列几种在不同场合中浪费时间的典型案例，并提供一些初步的解决方案。

无所事事

情景：在练习活动的间隙，教练或领导者需要对练习活动进行调整或讨论，此时，练习者站在一旁无所事事。

解决方案：周详到位的准备工作可以杜绝这类情况的发生，但有时也无法避免。在为后面的练习做准备时，你可以尝试让练习者练习以前练习过的有价值的活动。

案例：假设你曾教过少儿足球队这样一项专项练习，队员们分成四人一组，用两只脚互相传球。你可以用西班牙著名足球俱乐部"巴塞罗那"来命名这项训练，当你发现下一个练习中要用到的锥形筒还没放好时，你就可以下令："四人一组，三分钟'巴塞罗那'练习。开始！"

干等

情景：练习者排队等待练习的时间多于真正练习的时间。

解决方案：让还未进行练习的成员进行热身练习，或者在成员等待的时候为他们安排别的练习。

案例：经理们正在练习如何应对直接下属就某一问题进行的自我辩护。在一组六人的小组活动中，成员们正在观摩一位经理和扮演下属的成员进行谈话，但大部分成员都把时间花在了观摩上。你可以插入一个练习，让观摩的成员两两分组，进行两分钟简单的角色扮演。

漫长的指导说明

情景：领导者或教练在解释和说明训练项目的内容时花费过多时间。

解决方案：设计一项练习并为这项练习命名（为练习命名可以节约重复解释练习内容的时间）。只要有机会，就应该不断地对训练项目进行基础练习，这样就可以通过增加练习实践让练习者明白训练项目的内容。

案例：假设你在培训一组辩护律师，你为他们设计了一项专门的训练，以练习如何进行开庭陈述。你给这项练习起了个名字叫"庭审训练"，因为它要求练习者在重压之下仍然保持相当的语速，其中包含了计划制订和即时反应等技能的组合。你可以用"庭审训练"专门

练习开庭陈述，还可以将练习调整为结案陈词以及庭审证人问询。参
加培训的律师都知道这个练习：只要你说"庭审训练"，他们就立即
开始练习，全身投入。

开小差

情景：练习者在聊一些和练习内容无关的话题，或者队员们没有
练习踢球而是在玩拍球，浪费了宝贵的练习时间。

解决方案：从一开始就告诉练习者你的期望值，并解释你会用什
么样的举动来指出并纠正他们的不当行为，不仅如此，你还需要在练
习过程中不断重复你的期望值。

案例：在培训开始时，详细地说明你会采用什么方式让练习者集
中注意力，明确告知练习者，你非常清楚你的举动会打断他们的谈话，
但你的目的是为了节省他们的宝贵时间。当某个小组成员开小差时，
你可以中途停止说话，暗示你希望他能够尽快回到练习中去，让他"自
行中断"开小差的行为。

讨论时间过长

情景：练习者在讨论、争辩或询问上花费的时间远远超过练习。

解决方案：在设置讨论环节时，缩短讨论时间。在练习时，你可
以不断巡视，以避免练习者陷入闲聊中。

案例：你正在培训员工如何上台作报告，你规定在练习之后，练
习者只有两分钟时间和搭档讨论他们的心得体会。你还规定在过渡到
下一个活动之前，领导者对练习者的评述意见不能超过两条。

忽视片刻机会

情景：领导者和教练会忽略日常工作中一些稍纵即逝的开展练习的机会。

解决方案：转换思路，不要认为只能在设定好的时间内有计划、有步骤地开展员工培训。每次当你对员工的表现进行评价和给予反馈时，想一想能否让员工在下一刻马上练习你刚才所说的技能。

案例：在和员工讨论最近一次电话推销时，你建议换种方式在电话中进行推销，接下来，你可以说："让我们来试一下，看看会有什么不同。"

最后强调一下，高效利用时间是成功者遵循的金科玉律。谨记这一点能帮助你在执行关键任务的过程中，一旦遇到浪费时间的情况就立刻启动预警机制，并快速找到应对问题的解决方法。有时候解决方法就和"只要准备足够多的球"一样简单，约翰·伍顿在制订训练计划时，不仅设定了球员该站在哪里，并且安排了每个位置该站几个队员，不仅如此，还规定了球该放在哪个位置，每个位置放置几个球，以及谁该负责为团队去抢球，这样每个球员都有职责在身，每个人都在忙碌着完成自己的职责。切记：富有创意并快速行动，效率能改变一切。

建立紧凑的练习程序，翻倍练习成效

● 找一只口哨——真的哨子或是能起到相同作用的代替品，帮助练习者节省宝贵的时间。

- 找出你在不经意时浪费时间的做法，并尽快实施补救措施。
- 将补救措施变为例行常规。

*　*　*

　　以上这些方法能帮助你有个好的开端，但是还有两个与高效练习有关的方面我们还没有谈及：示范和反馈，将对你的练习起到意想不到的作用，我们将在接下来的两个章节中详细地探讨如何将它们运用到练习中去。

3

如何让练习
更精准

　　如何以正确的方式建立一套练习体系，以便让你的团队向着成功的终点迈进？在探寻方法的过程中，你会不止一次地发现，教授一项技能最好的方法就是示范这项技能。的确，许多看似简单浅显的技能往往无法用语言准确地加以描述。以看食谱烹饪为例，詹姆斯之前从未接触过烘焙，但是有一天他突然心血来潮，想亲手烤面包。他翻出一本烹饪书，找到了烤制面包的食谱，然后决定自己来尝试一下。乍一看，食谱非常简单，准备三杯面粉，一碟小菜，找一只大碗倒入三大勺温水。没问题！他按照食谱一步一步往下做，可是不久，詹姆斯发现自己凌乱了。食谱上写道"激活酵母"，这是什么意思？怎样才能激活酵母呢？詹姆斯接着往下读。食谱吩咐詹姆斯开始揉面，但警告说一定要把面团揉到不软不硬的地步。这段文字描述让詹姆斯明白了什么是错误的做法，但是他对于如何将面团揉得恰到好处却一无所知。食谱又命令詹姆斯"把面团放在桌上，让它能竖起来，然后举起拳头狠狠地砸下去"。他们真想让我砸面团吗？这一刻詹姆斯明白了食谱只能把他领到半途，要想做成面包，那得等到美食厨艺节目主持人茱莉亚·蔡尔德上场。

　　詹姆斯需要的是真人示范。他知道，对于那些知道自己在做什么并已经具有一定专业知识的人来说，食谱确实能起到非常好的指导作用，但对于一个门外汉来说，看专业人士示范每一个步骤才是最直观、最快捷的学习途径。正因如此，厨艺节目才应运而生。美食节目之所以人气爆棚，原因之一就是它提供了真人示范。在任何一个领域，在你想从事的任何一种专业中，都有这样或那样的技能或技巧，它们必须通过示范才能提高练习者的学习效率，简化老师的教授过程。思考一下你的专业学习领域，哪些技能需要示范？若是没有示范，哪些技能几乎无从学起？也许是揉面团，也许是穿针引线，也许是运球，也许是接客户来电——如果不能将这些技能从头到尾一一演示一遍，也许你根本连学的意愿都不会有。

但是示范有时也会适得其反。作为父母、教练或是上司，你一直被那些视你为指导者的人们密切关注着。如果意识到自己在不经意间为他们做出了错误的示范，那实在是让人既难过又难堪。NBA球星查尔斯·巴克利曾宣称："我不是楷模。"但在很多人眼里，他确实就是典范，就像当你踏上了领导岗位，当你被上司选中去培训员工，或者当你组建自己的团队时，这一刻你就别无选择地成为了别人眼里的学习榜样。事实上，人们会有意无意地参照、模仿他们的领导或教练的行为举止。我们亲眼所见的正确到位的示范，成功推动练习的实例数不胜数。善于发现和培养人才的伯乐会有意识地利用这种追随典范的本能倾向，使其成为练习中的一个必要环节，以此不断地推进自己的团队建设。因为他们知道自己一直在被团队成员关注着，他们会刻意选择和改善自己的行为来影响团队表现。他们很清楚做不到这一点的后果是什么，如果他们不能为员工树立一个可以学习和效仿的鲜明而正确的榜样，那么员工就会有意无意地模仿错误的示范。在教学中，这就意味着教师很可能会按照他当学生时他的教师的教学模式上课，而不是选择最有效、最成功的教学方法。示范，其实就是明确树立可供效仿的目标或具体表现，演示单一而简单的技能，可以让练习者清楚地明白培训者对其所寄予的期望。演示一项复杂的技能，或是一次演示多项技能，则可以让练习者看清众多分散的技能是如何有机地整合为一体，最终呈现出纯熟自如的优异表现。

高手正确的示范和讲解，让练习如虎添翼

要想有效地教授一项技能，关键是要用精确的语言向练习者描述技能的组成要素、技能的表现形态以及如何施展技能的具体过程，而示范能直观明了地展现上述的所有方面。当言简意赅的描述和示范一起相互协作时，两者的协同效应就一定会帮助学员提高学习效率。让我们来看一下这样的一个案例：丹尼斯刚在一家非盈利慈善机构的发展部门谋得一份差事，这是她走出校门的第一份工作。丹尼斯天资聪颖，立志要在职场上大干一番，以实现自己的梦想。头几个星期，丹尼斯表现优异，上司对她给予了极高的评价，并且让她尝试接手了一个新任务：致电潜在的募捐者，评估他们对本单位的兴趣，同时发展他们成为今后募捐慈善活动的参与者。丹尼斯做得尽心尽力，可是除了在电话里说动了自己的祖父母为单位捐些善款之外，丹尼斯一无所获。换句话说，对于开展这项业务，丹尼斯根本没有找对方向。

如果这些电话全都在做无用功，那么它所反映的不仅是丹尼斯自身的问题，她的上司甚至她的单位也同样难辞其咎。好在上司很快就认识到了这一问题，于是为丹尼斯找来了一位在应对此类电话上颇有

心得的同事海伦作为她的练习搭档兼教练。丹尼斯实在是个幸运儿：海伦不仅是开展电话业务的优秀员工，而且还善于建立练习框架培养新人。开始时，海伦先对电话内容进行了详细的文字描述，将一个电话拆成了几个简明扼要的部分，为每个部分注明了应对范例。她详细解释每一个部分的应对规范，回答丹尼斯的疑问，并说明哪些部分可以灵活处理，哪些不可以。换言之，就是哪些地方丹尼斯有空间即兴发挥，哪些地方必须按部就班地进行回应。然后，海伦为丹尼斯做了一次示范：她给另一位同事打电话，事先她已经告知那位同事该如何回应，然后两个人从头到尾演示了打电话的整个流程。同时，海伦进行了电话录音，以便在她和丹尼斯一起讨论时能抽调出其中的关键片段。若有必要，她还要将录音重新回放一遍，进一步探讨她在某个时刻说了哪句话，为什么要这么说。

对于新手而言，仅仅有示范还远远不够。对这份工作颇有天分的丹尼斯听听海伦是怎么接电话的，也许就能学个八九不离十。但是，如果没有将电话内容进行详细描述，丹尼斯在很多环节上就没有可参照的应对方法。当丹尼斯自己打电话时没有预想的脚本，在许多环节上就不可避免地需要自由发挥。对电话内容的文字描述能为丹尼斯提供关键时刻的抉择参考，确保她做出正确的选择。

另一方面，如果只有文字描述而没有示范，那么丹尼斯在电话中犯错的几率也会大大增加。她可能在电话中运用一种不恰当的居高临下的语气，或者忽略了话题转换的自然过渡，一股脑儿把想说的都说了，结果一通电话打得既笨拙又生硬。海伦在演练中为丹尼斯做了非常到位的示范，在教授新技巧时，只有将示范和描述两者结合，效果才会更加显著。

高手正确的示范和讲解，让练习如虎添翼

- 示范可以帮助练习者效仿，描述可以帮助他们理解。
- 将示范和描述合二为一，能让练习者灵活应用所掌握的技巧。

预先知道练习关键点，最简单却能产生奇效

许多行业都会采用"影子实习"作为他们进行员工培训或新人入职培训的手段。事实上，当你拥有工作表现突出的高技能人才时，你当然希望扩大优势效应，同时你还希望员工清楚他们应该以谁为典范，并在工作中多多学习和效仿。但是，当你向新员工示范你希望他们掌握的技能时，"影子实习"往往是效率最低的方法。为什么呢？因为你通常会忘记做一件非常简单但在学习过程中能产生奇效的事情：在做示范时，你要预先告知练习者关注的关键点。有些桌球游戏要求你在出杆前必须喊出将几号球射入哪个袋里，比如"三号球进底袋"。在技能示范过程中，你要明白无误地表明自己的意图，花时间进行预习，并明确告知学员他们应该关注哪些细节。你的新员工如同一张白纸，他们既不知道自己能做什么，也不具备鉴别前辈身上有哪些技能的能力。如果你不事先告诉他们在观摩示范中应该注意看什么，那他们所关注的也许会是那些毫无用处的地方。当你的岳母有一眼没一眼地看着橄榄球比赛，一边来上一两句莫名其妙的评论（"这些家伙为什么都撅着屁股撞来撞去"），这自然无伤大雅，但如果你想通过观摩

比赛提高球技，缩短与竞争对手的差距，那你就需要有个内行在你身边点拨一二了。

埃米尔是公司里的新员工，同时也是销售团队的新成员。他很聪明也很好学，他所接受的新人培训任务主要就是跟着销售团队的前辈莎拉学习。起初，他跟着莎拉参加了一个和新客户谈判的会议。客户毫不掩饰自己对产品的兴趣，但他们还是要针对一些条款进行商谈，一切顺利的话，他们就能敲定合同。会议中，埃米尔惊奇地发现当莎拉在说出报价后会场随即陷入了沉默。客户没有反应，莎拉也不再说话。会议室里的气氛陡然紧张起来，这让埃米尔坐立不安，尴尬不已，想着自己是否应该起身离开——谁叫他撞上了这倒霉的一天。然而，在会议接近尾声时，莎拉和新客户彼此都很满意商定的结果，最后竟然成功签约了。客户离开后，埃米尔一边尴尬地笑笑一边转开了目光。当莎拉随即带着埃米尔转战另一个会议时，埃米尔如释重负，因为他终于有理由不用和莎拉讨论刚才那场让人浑身不自在的会议了。

接下来是和公司的一个大客户会晤，很明显，莎拉对客户的情况了如指掌，双方见面时莎拉的态度非常友好。她先是回顾了和客户长期以来的合作关系，然后指出双方的合作取得了累累硕果，同时也面临着许多挑战。她婉转地说明了公司未来的发展方向，也对这一变化是否会影响与客户的合作关系表示忧虑。埃米尔一直在旁边观察莎拉的表现，在他看来，莎拉似乎一直在积极回应客户的需求，为签订一份能让双方都满意的合同出谋划策。对于这样的局面，埃米尔感到轻松愉快，他相信成功的会议就应该在这样的氛围中顺利进行，在双方诚挚的微笑和有力的握手中落下帷幕。

之后，莎拉问到埃米尔对这两场会议的感受。他先对莎拉在第一场会议中在众目睽睽之下经受的考验表示同情，此外，他没有再过多评述，因为他不想在这个令人不快的话题上逗留太久。然后，他开始谈论第二场会议，他对莎拉专注的表现不吝溢美之词，高度赞扬了莎拉始终掌握谈判主动权的现场掌控力。听完埃米尔的发言，莎拉满怀歉意地看着他，她意识到埃米尔对于两场会议发生了什么完全搞错了状况。

在经验丰富的销售莎拉看来，第一场会议的结果超过了她的预期：她通过谈判为公司争取到了一笔远远超出期望值的收益。她知道自己有时会在谈判中犯话太多的毛病，所以刻意在报价后保持沉默。至于第二场会议，虽然她很感谢埃米尔的热情反馈，但这次会议并没有达成既定的目标。会议进入关键阶段时，莎拉意识到正确的做法应该是和客户终止签订合同，可最后她还是向客户让步了，并按照客户意愿改变了合同条款，尽管她很清楚公司不久就会改变经营政策，这可能会让客户恼怒不已并最终终止他们之间的合作关系，更换分销商，埃米尔眼中愉悦的气氛在莎拉看来无非是自己没有魄力直接拒绝客户罢了。

直到这个时候，埃米尔才知道自己对这两场会议的解读产生了根本性的错误，莎拉也意识到了这一点。如果他们没有时间交换意见，莎拉没有及时纠正埃米尔的看法，那么后果一定会非常严重。埃米尔在以后的工作过程中很可能会一直本末倒置，关注非重点片段，并按自己的理解错误解读这些片段，从中吸收错误的知识。

如果莎拉事先和埃米尔一起先预习一下会议中的这些关键步骤，情形就会大不相同。她可以这样说："埃米尔，待会注意一下我是怎么和这位客户打交道的，我希望他们能接受这个价位。在等待对方回复时双方可能都会沉默很久——这个时候你也许会觉得很不自在，但如果我沉不住气先开口，那么就意味着放弃了我们期望的报价。你还要注意观察为了达到目的我采用了什么技巧。"在莎拉这样的指导下，埃米尔就会知道自己应该留意哪些地方，注意哪些关键细节。

在示范过程中如果没有预先点拨，其危害就是进入错误练习的恶性循环——学员很可能只关注到了一些次要的皮毛甚至按自己的误解吸收了与成功背道而驰的错误信息。在刚才那个案例中，当日后埃米尔独当一面开展业务时，他就有可能运用这些错误的观念，而且由于误解了莎拉的示范，他很有可能在今后和客户的会谈中失去主动权。

预先知道练习关键点，最简单却能产生奇效

• 在做示范前，预先告诉练习者示范过程应该注意看哪些关键的地方。

如何在示范前预先告知关键点

希拉里·刘易斯是纽约布鲁克林区特许学院的教导主任，她为我们提供了如何在示范前进行预先点拨的绝佳范例。在下面的邮件中，希拉里让教师注意她是如何运用表扬的技巧鼓励学生。她告知教师们将要示范的内容，以便让他们对应该观察什么有一个清晰的概念，同时也提醒他们，不要被她示范过程中某些不相关的行为分散注意力。

各位教师：

大家好。今天我想和各位探讨一下我们将要一起学习和演练的教学技巧——准确表扬。

准确表扬是一种理念，也是教学中的一种非常重要的正面强化手段，但只有当你有策略地加以应用时，它才能发挥积极的效用。当我们表扬学生时，我们必须有所选择。首先，我们要仔细考虑我们要表扬学生哪些行为的哪些方面（比如，我们不会因为学生在走廊里安静地走动而表扬他们，因为不在走廊里乱跑只是符合了我们的期望，我们只有对超出期望的行为才加以表扬）。

以下是准确表扬的四个原则。

原则一：区分认可与表扬。

原则二：大声表扬，小声批评。

原则三：表扬要强调行为，而不是特质。

原则四：表扬要有诚意。

我们将在这周的教研活动中深入学习以上四个原则。在此之前，请关注本周的晨会，在会议中我将尝试为全校示范准确表扬的相关技能。

感谢各位的辛勤工作和无私奉献。我期待着和大家一起研究准确表扬的技巧和方法。

希拉里

刘易斯女士在邮件中告知教师，她将会专门对准确表扬进行示范，并且预先指明了示范内容。她还进一步谈到了准确表扬过程中经常会遇到的问题，以便让教师在示范中注意到其中的复杂性。另外，还有一点很重要，作为一位领导者，她在邮件中向员工示范了她希望他们也具备的一些素质：谦逊以及对工作充满激情，同时她也向大家传达了"为了做得更好，我们需要不断练习"的理念。

眼见为实，才能坚持不懈

除了通过示范看到正确的技能指导外，学员其实还希望在观看示范时获得一种保证，保证这项技能是可行的，是能起到有效作用的。他们希望看到一条美味可口的面包新鲜出炉，看到谈判的结果与他们的预期报价一致。他们不仅希望自己懂得如何运用技能，而且还想看到如果正确应用技能将会收获什么样的成效。

当一个刚刚接触小提琴的新手看到小提琴家演奏乐曲时，听到洪亮清澈的琴音，这吸引人的琴声就是正确应用技能的成果。当我们观摩一堂体现教学技巧的示范课时，我们希望看到教室里三十个学生都在专心听讲。没错，即便是最有干劲的人也难免会有片刻的迟疑，也需要有人来说服自己正在进行的练习会带来很好的效果。只有当你亲眼看到你的面包指导师从烤箱中端出诱人的面包时，你才会真正相信自己正在学的烤面包技术是有效的。眼见为实！当人们亲眼看见一项技能真的管用时，人们才会有动力去努力尝试。

所以，当我们培训那些被优秀教师所采取的教学方法时，我们为优秀教师拍摄了大量的录像。我们不仅希望真人录像能让练习者相信这些技巧确实行之有效，而且还希望录像能够帮助教师更好地学习那些优秀的技能。录像的关键并不在于它必须展现一段完美无瑕的教学示范，而在于示范本身必须真实可信。如果做不到这一点，让教师看出了其中的破绽——"录像里的教师当然能把课上好。一堂课里安排了两个教师，我的课上只有我一个人单枪匹马！"——这样的示范自然就一文不名了。我们绝不希望看到教师离开培训教室时，一边感慨示范的确了不起，一边掷地有声地说："只可惜永远不会发生在我身上。"

让练习者相信示范中的技能可以在他们的工作环境中起到很好的作用，这是至关重要的。如果练习者对要练习的技能表示怀疑的话，他们也许连试都不愿意试。你会在《保姆911》或类似的电视节目中看到这一现象。在《保姆911》中，保姆每个礼拜都会拜访不同的家庭，并使用相同的手段和一些无法无天的孩子一起，把乱七八糟的房间收拾得窗明几净。参加电视节目摄制的家长也许之前也经常收看这档节目，但为什么他们就没有从中学到有用的招数呢？因为他们很可能觉得自己的孩子更难对付，这些招数在他们孩子身上根本起不了作用。事实上，有些观众坚持认为肯定会出现一两个调皮的孩子最后让保姆束手无策。的确，每个礼拜的节目中，孩子的行为举止都会出现一些让人头疼的新问题，但保姆都能想出行之有效的方法来管教孩子（要坚守原则！有些孩子得隔离处分！冷静，不要抓狂！制定一张行为参照表，等等）。保姆通过在那些家长自己的孩子身上示范管教技巧，并用实际行动告诉他们这些方法确实有用，直到这时，家长才心服口服。

让示范尽可能在和练习者工作环境相近的场合中进行，会让示范变得更加令人信服。如果看到某项技能在同他们类似的公司中发挥作用，他们就很难找到理由不在本公司进行尝试。如果有机会的话，也可以在练习者自己的工作环境中加以示范，我们将这样的示范称为"嵌入式示范"。比如，你想向一个经理介绍一种会议流程管理的新技巧，那么最有说服力的做法就是召开一次示范会议，与会者就是这位经理的下属。如果我们将这种方法应用在教学中，让一个遭遇瓶颈的教师去优秀教师的课堂旁听固然是个好办法，但更让人信服的做法是让优秀教师到那位一筹莫展的教师的课堂，在他的学生中上一堂示范课。对于那些对示范持保留意见或是持怀疑态度的人来说，最好的做法就是在他们所处的日常环境中做示范。对于练习者而言，更重要的是让他们看到自己正在学的技巧能切实改善自己的状况，而不是观看示范者本人如何无懈可击地运用这些技能。

眼见为实，才能坚持不懈

- 尽量在和练习者的实际工作环境近似的场合中进行示范。
- 现场示范往往比教学录像更加具有说服力。

为什么外语教师要用外语授课

当教师在教授外语时，他们通常会选择用这门外语进行授课，这无疑能成倍地利用学习时间。学生不仅可以通过完成课文中的练习来增加词汇量、巩固语法，还能沉浸在语言环境中。学生每天都能听到这门外语：教师是如何连词成句，如何转变动词时态，如何提问和回答以及如何正确发音。虽然教学目标是让学生掌握课文中的语法技巧，但学生却能在教师运用外语进行示范的过程中学到更多的知识。

每一次员工会议和员工职业培训都是为员工创造身临其境体验的好机会。在这一过程中，你能示范你希望员工掌握的最佳技能练习，虽然这些练习并非此次培训的目标。比如某次员工职业培训的目标是让你的经理学会如何积极有效地激励他们的直接下属，完成或者超额完成他们的销售计划，你在示范这些激励技巧时，不仅要注意你的措词，而且还会留意自己的身体姿势，眼神交流，还有语气语调。不仅如此，你还会在练习中示范如何给出反馈意见，如何上台作报告，如何用计时器控制演示时间。其实你示范这些技能，并不是指望经理在本次培训中能够一次性全部掌握，但是如果你进行了高水平的示范，练习者在你示范如何运用诸如语言、姿势等成功要素的过程中就会听得更多，看得更多，那么他们对这些技能的印象就会更加深刻。有一个简单的方法可以强化你在示范中所展示的技能和期望，那就是不仅要让员工回顾、思考你所展示的内容，而且还要问问他们从你开展培训的方式中得到了什么启示。

当然，如果你做了错误的示范，那么整个练习也会变成复制错误的过程。当你和员工一起工作时，你本身就是在为他们做示范，只要有机会，你就要尽可能地展示你希望他们能做到的事。比如，在你示范如何上台作报告时，重点是要让员工注意观察如何使用幻灯片为自己的报告服务。即便你已经指出了示范重点，但还是要在示范过程中使用除此之外的一切技能，以呈现出一台质量上乘的报告演示。在示范时，你可以将你所有的高期望融入示范中，尽可能地展示那些能够带来成功的技能。如果你以一种漫不经心的态度示范，那么毫无疑问，员工的练习也会变得漫不经心。

为什么外语教师要用外语授课

- 按照你对练习者的期望进行示范。
- 示范重点技能，与此同时，示范你希望人们最终能够自如应用的其他技能。

孩子模仿天赋中的练习秘诀

为人父母者都能从孩子身上看到模仿的天赋。某天晚上，凯蒂带着三岁的女儿外出吃饭，在餐厅落座后，小女孩开始以一种从未见过的方式打手势。她一会儿摸摸额头，一会儿双手抱胸，神情颇为沮丧，看上去比她实际年龄要成熟许多。过了一会儿，凯蒂意识到小女儿是在模仿邻桌的一位男士，小女儿模仿得非常像。当那位男士换了个手势，女孩也依样画葫芦，学得专心致志。凯蒂和丈夫笑了一会儿，然后打个岔分散了女儿的注意力，生怕这样的模仿行为惹恼那位男士。

凯蒂和丈夫在那次就餐后发现，女儿的模仿行为并不是一种孤立举动。他们开始意识到其实女儿无时不刻不在模范：只要她看到别人正在做什么，她就能一板一眼地照样再来一遍。也许，当模仿到了某个阶段后，你就会训练人们不要去照别人的样子复制。你开始更加看重创造力，对于模仿则不屑一顾。然而，你若想从示范和练习中获益，进而掌握一门新技能，最好的方法就是丝毫不差地模仿。

最近，非凡学院的一位教师督导碰到了一个在教学中遇到麻烦的教师罗西，到底该如何管理班级这一问题，经常困扰着罗西，特别是当她放慢上课节奏或者停止讲课去维持课堂秩序时，学生常常会出现更多的行为问题。她的督导尝试了多种干预手段，最后决定去罗西的班级上一堂示范课，让罗西在一旁观摩。事后督导在报告中这样写道，认真观摩示范课后，罗西和他一起回顾了课上她所观察到的细节，罗西看上去已经掌握了所有要领。她注意到他一边讲课一边用手势等身体语言制止了学生的不当行为，她也听到有时候他会以极快地语速纠正学生，然后立刻回到课文讲解中。但是，当督导第二天看到罗西在课堂上还是一如既往地手忙脚乱时，他感到非常惊讶。罗西的确使用了非语言干预，但因为不够直观，所以学生无从领会其中的含义。她也下达了一些快速纠正课堂问题的指令，但因为不够清晰明了，而且言辞中激励因素不足，所以学生不知道他们究竟该怎么做。罗西的确认真研究了示范，但她只看到了督导示范的表面，并没有努力模仿督导的示范，因此她无法像督导那样进行有效教学。

事实上，人们很容易忽略一条规则，那就是初学者可以而且应该直接模仿示范者。虽然有些人觉得这本来就无需赘言，但是当面对示范时，大多数人都会觉得他们应该加入一些自己的东西。当我们还是一个婴儿或者刚刚蹒跚学步时，模仿仿佛是天经地义的，但当我们长大成年后，模仿就会让我们尴尬无比。的确，在我们人生刚刚起步的时候，我们就是依靠这种模仿的本能与冲动，才能如饥似渴地去发现和探索周遭的世界。但作为成年人，有些人却是顾虑重重。他们希望弄明白他们所见的示范是否符合自己的风格和个性，如果不符合，他们就会尝试加入自己的元素，这样自然也就达不到预期的效果。他们错误地以为是示范的技能本身没起作用，但事实上却是他们自己在如何运用技能上出了问题。

练习者必须记住准确无误地模范示范是学会和掌握技能最合理、

最正当的方法。当人们碰到那些专业性较强、技能含量较高的技能时，人们通常会一丝不苟地照着导师所教的方法去做。即便是那些经常被应用到许多行业中的报告演示或人际交往中的软技巧，也只有当你将它们视为专业技能并按照示范一板一眼地"复制"下来时，你才能学得更快、更好。也许你会认为，把示范的技能无差别地拷贝下来，是在剥夺练习者的自由、压制他们的创意。但是，事实上只有模仿才能让他们单纯地重复他们所看到的，做到熟能生巧。请时刻牢记：熟练才是创造力的先驱。

孩子模仿天赋中的练习秘诀

● 当要求人们遵照示范时，最有效的第一步是让他们准确无误地模仿示范。

为什么教孩子系鞋带那么难

最近凯蒂在教女儿阿丽莎系鞋带，她专门抽出时间，拿着一只鞋和女儿坐在地板上。起初，凯蒂从头到尾把系鞋带的过程演示了一遍。她一连重复了好几次，花了很多时间夸大每一个动作，这样一来即便是最细微的步骤也变得非常清晰了。她一边做动作，一边指导阿丽莎。她确信经过这样的示范后，阿丽莎一定能学会自己系鞋带。然后，凯蒂让阿丽莎自己试试看。可是阿丽莎根本记不得该从哪里入手，她不知道该怎么握着鞋带——用哪只手握？凯蒂很快就意识到她示范了太多步骤，而且做得太快。于是她放慢速度，一个一个步骤地进行示范。她先让阿丽莎看清楚应该怎么握紧鞋带，然后让阿丽莎做一遍，看阿丽莎有没有做对。接着，她演示了怎么打第一个环，然后让阿丽莎照学一遍。之后，凯蒂又教阿丽莎绕了一个大环。凯蒂一遍又一遍地重复这个环节，因为这是整个过程中最难的一步。她还示范了其他一些细微的衔接环节，直到阿丽莎完全掌握这些细小的步骤。凯蒂在示范过程中为每个步骤都编了几句口诀，这样当阿丽莎练习的时候，就可以一边念口诀一边加深印象。掌握了一个步骤后，她们就继续学习下一个步骤。一段时间后，她们就可以把所有的步骤串联起来。如果阿丽莎忘记了其中的某个步骤，凯蒂就重新示范一遍，如果阿丽莎想起来了，凯蒂就放慢速度。慢慢地，凯蒂尝试着在一旁念口诀，让阿丽莎根据口诀的提示开始自己系鞋带。最后，阿丽莎终于可以在脱离指导的情况下独立系鞋带了。

你可能会在工作中犯下凯蒂一开始所犯的错，但是你的员工不会像凯蒂的女儿那样坦承自己还没有学会，他们通常会以努力的表象掩盖他们不得要领的事实。你为他们示范如何上台作报告，如何利用各种程序分析数据，你的示范过程节奏紧凑，一气呵成，因为你不想让你的员工觉得你在低估他们的智慧。但在很多时候，你没有站在初学者的角度看待示范过程，你会忘记整个任务对于一个初学者而言是多么深奥。你一口气做完示范，然后兴致高昂地问他们还有没有什么问题。积极好学的新员工为了证明自己的能力和悟性，微笑着回答："没问题了，我都明白了，什么时候您能给我机会尝试一下？"但是，他走出去后很快又折了回来，冒着一头冷汗想要弄清楚他第一步应该怎么做。

在第二章中，我们曾举例说明要将学习过程分解成一个个容易理解的步骤，让每个练习者都集中精力，一次掌握一个小技能。这里所说的情况也是一样的——不要急于求成，不要试图在短时间内学会或练就一整套复杂的技能组合。在系鞋带的案例中，凯蒂示范练习系鞋带的细节可以帮助她的女儿阿丽莎顺利地学会系鞋带。

尽管示范技能的"细节"很耗时间，但是对于成功的练习来说，这一先期投入的回报是非常可观的。如果初学者在练习新技能过程中屡屡碰壁，那就要为他示范如何掌握练习的一个一个的小细节，分得越细越好，最好等到他完全掌握了一个细节后，再加入新的部分。

　　我们为员工示范细节的一个有效方法就是玩"盗版猫"的游戏。这种微观示范的模式可以应用在上一堂课，开一次会或者举办一次讲座上。专家示范一个片段后，应该马上让初学者尝试一遍，并督促初学者不停地演练，直到初学者完全掌握为止。每次轮到初学者上台练习的时候，专家要着重强调练习的不同方面，提示初学者应该如何调整自己的练习。在这种即时示范中，练习会进行得更加顺利有效，这不仅是因为我们示范了一个个小细节，也因为即时示范使得初学者几乎能同时和示范者一起练习。

为什么教孩子系鞋带那么难

- 每次只示范复杂技能的一个步骤，并在必要时重复示范。
- 先为初学者示范小技能，等到他完全掌握后，再示范新的技能。

成功足球教练所坚持的练习方法

在某种情况下，对于能引导成功练习的示范而言，不仅需要初学者熟练掌握示范，而且还需要示范者能够清楚地演示如何一步一步地做到熟练掌握的。

假如，你是一个非常成功的足球教练，今天你要给一位年轻的准教练示范如何指导整场比赛。他在边上看着你绘制图表，做笔记，当球员出场时和他们说上几句。他看到有时候你会把几个球员叫过来，简短地嘱咐一两句话。他会看到其实你做得很少，而实际上这就是你成功的关键：在比赛中你少言寡语，因为你已经在赛前把队员们需要学习和掌握的技能统统倾囊相授了。但有一点你需要提醒那位新教练，仅凭这次示范是无法完全展示教练在比赛过程中应该做什么和应该怎么做的，因为他不可能在这次示范中看到在训练球队时你是如何努力提高你的指导的效用的，示范过程中也无法显示你的一言两语如何能在关键时刻发挥作用。如果新教练仅仅将他在示范中所看到的照搬到自己的队伍中去，那他的队员也许不能获得有效的指导，因为他没有看见你在场下付出的艰辛以及经过深思熟虑后迈向成功的具体过程。

　　非凡学院之所以能成功，就是因为建立了一套完善的课堂教学体系和日常规范。我们一直坚持观看具有出类拔萃技能的教师的录像，从中寻找能为我们所用的技巧和规律。在观摩的过程中，我们发现了沙德尔·诺埃尔为我们提供的完美范例。她是北星初级学校的幼儿园教师。在录像中，只见她站在教室门口和每一个孩子握手问好。然后镜头转到室内，我们看到三十个五六岁的孩子坐得笔直，两手抱胸搁在桌面上。诺埃尔走到教室前面，学生们整齐划一地高喊学习口号。不一会儿，他们站了起来，迅速排好队走向地毯。之后，诺埃尔就开始给他们上课。这一切让你看得目瞪口呆：孩子们个个面带微笑，一脸兴奋，教室安静整洁，课堂上每一分钟都被充分利用。

　　这个录像成功地示范了我们为之奋斗的终点是什么模样，但是它却没能告诉我们诺埃尔是如何经过艰难跋涉，一步步到达这个终点的——而这同样是示范中的一个必不可少的环节。我们学校有很多出色的教师，我们有幸能将他们在课堂上展现的聪明才智收录在录像中。有时候，向初学者展示这些录像会带来一个我们始料未及的结果，那就是在录像中他们看到了自身与示范之间有着不可逾越的差距，这种反差让他们倍感沮丧，致使他们非但没有向成功迈进一步，反而渐行渐远。他们会认为录像中所看到的教学成果对他们而言遥不可及，自己即便是悬梁刺股也无法实现。然而，事实上我们可以通过合理使用这些示范以避免产生这种反作用，所谓合理使用示范，就是你提供的示范应该尽可能展示一些初学者可以复制和效仿的技能。

　　解决方案之一，就是你的示范中应包含通往目的地的几个重要步骤。换言之，示范的内容既要有结果，也要有过程。以建立教学体系和日常规范为例，我们会摄制教师在开学第一天的第一节课上首次向学生介绍日常规范的情形，然后再摄制一个月后的情况，循序渐进地为教师展示建立教学体系和日常规范的过程。另一个解决方案是向学员展示一些有缺陷、有漏洞的反面教材，然后示范如何通过反馈进行改进，这样就可以减少练习者在开始练习时就要向完美靠拢的压力。当然，示范者掌控着示范的整个过程，他可以决定在哪个环节故意露出破绽。在练习刚开始时，大部分初学者都会在诸多细节上失分，他们能不能满怀信心地坚持练习，是决定他们能否成功的关键。

你可以回想一下自己以前是如何进行示范的。如果你是一个销售高手，那么你一定在建立和维持客户、潜在客户甚至那些看上去不太可能和你有交集的客户关系上花了大量的时间和精力。如果你在销售会议上，仅仅示范如何和现有客户打交道，那么你的新员工一定不会看到你为了建立客户关系付出了多大的努力。也许他们只看到你如何以一种随意的语气和某位客户插科打诨——你非常了解这位客户，知道他不喜欢别人一本正经地和他谈事。如果你的一个新员工跳过了你成功建立这种友好关系过程中的所有步骤，一上来就用这种语气和客户谈业务，那么结果必然适得其反，他极有可能会冒犯客户，并留给客户不够专业的不良印象。

当你成为公司里的佼佼者或是行业中的领军人物时，你身边所有的人都会觉得你举足轻重。你在长时间工作过程中取得的巨大成就，会让新员工心生距离感，甚至怀疑自己的能力，因为他们无法复制他们所看到的非凡成绩。你可以认真思考哪些关键步骤帮助你成就了你的优异表现，并将这些步骤一一示范，从而消除员工的疑虑，让他们自信满满地练习你所示范的技能。

成功足球教练所坚持的练习方法

• 示范中应包含结果与过程，确保练习者对于如何实现终极目标有清晰的认识。

• 一定要示范那些能走向成功的重要步骤，帮助练习者树立信心，让他们坚信，只要按照示范练习，就一定能获得成功。

记录关键镜头，反复推敲

在练习中进行现场示范是一个绝妙的主意，它需要即时反应，随机应变。不仅如此，现场示范还会遇到很多不可控的因素，如潮湿的空气会让乐器走调，下雨天会让球滑得无法控制，和你配合的球队扔出了你无法判断线路的旋转球。如果你想控制这些因素，最佳办法就是用摄像机记录下卓越人士的工作过程，然后播放给学员观看。

你可以剪辑你想展示的那个部分，不需要长时间的播放，因为有些多余的镜头可能会削弱你想重点展示的技巧的精确性，你要将这些无关主旨或不利于主旨的成分一一剔除。同样，当你需要的时候你可以无数遍地回放录像，为了将某项技能学得更加到位，你可以分解、慢放或者重放某个镜头。一旦你决定使用录像指导你的学员进行练习，你就无需担心示范是否能按你的期望顺利进行，你现在可以让学员观看录像，向他们展示精准的示范，然后要求他们向你汇报他们的体会感想。如果他们遗漏了要点，你可以和他们一起重新看一遍，及时纠正他们观察时的失误。

人们通过各种方法用录像来做示范，以便更好地指导练习者进行练习。我们花了无数个小时摄制优秀教师的录像，然后将其中表现尤为突出的技能示范剪辑成三十秒的精华片段。我们不计时间成本，坚持不懈地做这件事，因为我们知道这么做是值得的。使用录像示范能让我们在各个学校之间迅速推广优秀教师的最佳技能，许多教师将录像中的示范应用到他们的教学活动中。

你不需要将每一卷录像都编辑得非常精美。如果你缺乏录像方面的专业技能，那么你就只需要关注一下录像的时间长短。也就是说，只要你有一台摄像机可以随时捕捉优秀员工工作时的镜头，那么就能把这些镜头上传至电脑，然后迅速转发给其他员工——在每周例会上（"让我们来看一下本周丹尼斯的表现，我们希望今后所有的客户会议都能这样召开"）或者通过电子邮件（"请关注视频的前二十秒，丹尼斯在这段视频中应用了我们上周学习的技能，请各位在本周五之前将你们的观感发送给我。干得好，丹尼斯"）。

只要通过频繁地观摩示范来效仿和学习优秀技能，你就可以更准确地和员工开展关于最佳表现的讨论。当你再多做一步，拿起摄像机捕捉这些关键镜头，你其实就是在为你的组织、你的新员工以及有待培养的预备人才编纂成功宝典。

记录关键镜头，反复推敲

- 通过录像这一简便手段为你和其他人捕捉日后可以反复使用和研究分析的示范镜头。

＊＊＊

有效示范可以扩大练习的效果，可以引导新手迅速获得成功。不断地向练习者示范能让他们获得进步的方法和技能，可以让练习者进步得更快，学习得更多，掌握得更好。对我们的烘焙新手詹姆斯而言，他需要有人对每一个烘焙知识和烘焙步骤进行示范。众所皆知，在示范的基础上进行练习和仅仅按照食谱进行练习，其中的差距就相当于成功与失败的差距。

在接下来的章节中，我们将加入另一个能进一步帮助詹姆斯练习的关键元素：反馈。这将把詹姆斯从坐在电视机前观看厨艺秀直接带到烘焙教室，在那里教师先做示范，然后在一旁看詹姆斯能否按照示范操作，并及时给他反馈意见，如果需要的话，让他再重复刚才做过的步骤。在烘焙教室里，詹姆斯不仅有食谱和示范，还有马上练习示范内容的机会，如果操作过程中出现失误，立即就能得到纠正和指导。

4

如何扩大
练习效果

要想获得进步，最快的方法就是获得有效的反馈，并及时应用反馈。让我们追溯历史，回到第二次世界大战中的英国。英国军队在参战不久之后，很快就开始依靠一支"听风者"特殊部队来识别德军空袭。这些听风者们并不是观察天空，相反，当有飞机飞近时，他们侧耳倾听，运用他们对飞机引擎轰鸣的熟悉程度，来判断远处的轰鸣声究竟是来自返航途中的英国皇家空军飞行队，还是飞往伦敦的敌军轰炸机。

渐渐地，这种判断极其准确的听风者很快就变得供不应求，于是军方紧急要求培训新学员。一开始，学员并不能识别自己听到的声音，但是，军方在极短的时间内就找到了一个看似不可思议的解决办法。初学者们站在一片蛙声不断的田地里，身边配有一名经验丰富的听风者，他们开始仔细倾听一架无人机的轰鸣声，然后胡乱猜一下这架飞机究竟是英国的还是德国的，身边的资深听风者立即回应是对还是错。没有讨论，没有解释——他们完全不对两种轰鸣声的差异作任何描述说明，只是反馈：你猜对了，还是猜错了。虽然学员中没有人能用语言解释自己究竟听到了什么，但这些学员都在规定时间内学会了做出精准的判断。事实证明，反馈能够以超乎想象甚至有违逻辑的方式塑造行为。

但是，反馈必须要符合情况，适应形势。如果我们需要学习的所有技能都像事先设定好的那样无需变通——如果我们需要掌握的只是在对与错之间做出选择，那么事情将会简单很多。但是，在复杂的情况下应用反馈的难度就会加大。如果有一大堆的事需要你做出反馈，这本身就会降低反馈的效度。有时反馈过于笼统模糊，就会让人无所适从，有时清晰具体的反馈反而会让人误解。我们也许给予了他人积极的评价，但过多的正面评价有时却让接受者倍感压力。我们也许只顾着关注各种负面问题，而忽视了人们的优势与长处。有时，我们没有及时给出评价，时间一长，反馈也会失去了意义。有时即便反馈意见非常正确，但我们却词不达意，接受者无法领会我们希望他们在接受反馈后做些什么。在本章中，我们将把上述问题一网打尽。

提高你的反馈评价有助于你扩大员工和机构的竞争优势。就在凯蒂创建初级学校的第一年，反馈成了她这一年里反复掂量的关键词。当时她的资金有限，只能聘请一个音乐教师或一个美术教师，所以到底开设音乐课还是美术课，她只能二选一。一开始，她比较倾向于美术课，与音乐课相比，美术课的投入、开设和上课方式都比较简单，而且学生还能看到自己的作品挂在走廊上。但是最后，凯蒂还是选择了音乐，不为其他，就是因为反馈是音乐课中必不可少的环节。她相信一个好的音乐教师一定能和学生打成一片，让学生自然而然地养成接受反馈、给予反馈的好习惯，假以时日，如何反馈，将成为她所能教给孩子的全部技能中最让他们受益一生的技能。

有效利用反馈，及时改进

人们每天都在面对各种各样的反馈。人们也可能一直在练习"接受"反馈——他们学会了一边用眼神交流，一边诚意款款地点头，他们的回应中听不到丝毫戒备的语气，甚至于他们还开始做笔记，总之，整套功夫他们做起来已经得心应手，自然娴熟。反馈的接受者以种种方式告诉反馈的给予者，他们很重视并且会认真对待这些意见，然而，这一切未必表示他们真的善于利用这些反馈意见，过了一段时间，他们也未必会在应用反馈方面获得长足进步。事实上，事情的发展态势可能会与你的期望南辕北辙，人们也许会通过练习接受反馈的方式，来帮助他们达到不采取任何行动的目的。

我们也做过类似的事。当某位同事给我们反馈意见的时候，我们会装出一副埋头记录的样子，不停地在本子上写写画画，看上去我们非常重视他的意见，可实际上我们都很清楚一旦离开这个屋子，同事的意见马上就会被丢到九霄云外。或者我们一开始的确想认真对待，但记录下来的意见最后还是埋没在了一大堆任务单里，再也不见踪迹。又或者我们草草尝试了一下，然后告诉自己我们做得还不错，或者对自己说这压根就不管用。

诸如此类的反应很普遍，时间一长，你会发现人们对于如何忽视、歪曲反馈意见倒是越来越在行了。"好吧，我做不了。""哦，谢谢，不过我已经试过了，没用。""谢谢，这的确帮了我不少忙。"（再无下文。）

善于利用反馈需要练习，只有通过练习，人们才能做得越来越好。比如，人们学习如何调整别人的意见使它符合自己的做事风格，或者如何同时关注几个重要观点，或者冒险尝试一下开头可能会很艰难的事情。

善于利用反馈——从某种程度上说，学做一个善于听取他人意见的人，绝对是一项有着深远意义的技能。当人们通过利用反馈取得进步，亲眼看到自己在某些方面变得愈加出色时，他们就会开始相信练习，相信利用反馈的意义。

研究指出，很多人都不太热衷于职业发展，他们不认为培训这件事会对自己有任何帮助，这可能因为培训的确没有帮到人们什么。但是，如果人们的练习很成功、很有效，人们确实感到自己有所提高了，那么他们就很有可能相信练习，并且积极地加入到练习中去。

一个让人们利用反馈的重要方法，就是鼓励人们在收到反馈后认真对待，并好好利用反馈。如果你已经给了你的部下反馈意见，不要问他有什么体会想法，也不要问他反馈意见是否有用，只要问他在他尝试之后自己的工作表现有什么样的改变，他尝试了几次，或者让他当众承诺他会在什么地方、什么时间进行尝试。最近，我们在培训教室运用了这一方法。培训的参与者在进行一场角色扮演，他们被要求上一堂模拟课，学生则由环桌而坐的同行们扮演，角色扮演中的教师必须在三分钟的授课过程中运用我们之前训练的某项技能。等到授课结束后，他们会从同行那里听取关于刚才授课表现的反馈意见。

在我们开展这一活动的时候，我们意识到必须要多进行几轮训练，让参与者练习技能，体验困难，接受反馈，然后重新尝试。但是即便我们做了这些准备，大家似乎还是没有领会应该如果将同行的反馈变成实践中的指导。他们在授课过程中会遇到一些困难，他们的同行会指出这些问题，并给予一些建设性意见——通常这些细小的、可实施的改进措施能让他们的技能实现质的飞跃。听取反馈意见后，"教师们"会微笑点头，之后就不再有下文。如同往常一样，富有价值的改进意见很快就成了"耳旁风"。

之后，我们意识到应该在参与者中再设置一个角色"教练"，他负责观察教师如果在上课时有哪点做得非常出色，并且应该在今后的教学活动中多加应用时，就记一个"+"，要是他看到哪点她本该做得更好或应该尝试运用另外一种方法时，就记一个"⊿"。教师开课二分钟后我们随即叫停，然后教师开始接受反馈意见，她可以简短地提出问题以确认自己是否正确理解了反馈评价，接着她回到起点，马上将反馈意见付诸实践。

这种模式的一个好处就是建立了一种心照不宣的责任约定：教师无法回避反馈意见。因为在众目睽睽之下，有六七个同行同时听到你收到了反馈，而且游戏规则明确规定他们必须在一分钟后尝试利用这些意见改善自己的教学行为。另一个好处就是反馈之后，练习者立刻回到原点，利用反馈意见改进自己的行为。第三个好处是我们安排了教练在一旁观察，他能即时判断哪些反馈意见有效——这一点非常重要，因为我们培养教学领导的其中一个素质就是要能给教师提出有质量的反馈意见。

这些小小的调整能让练习者的表现大大改观，并带来意想不到的成效，我们发现人们对此常常感到无比惊讶。不管练习者最初是否赞同反馈意见，你都应该要求他们进行尝试，只要他们尝试，最后的结果往往会与他们开始的直觉大相径庭，反馈意见确实能帮助他们做得更好。激励人们利用反馈，他们就会开始相信反馈，相信小小的变化一定能带来大大的改变。

让练习者学会练习如何将反馈应用到实践中，并让人们亲眼看到变化后的成功，这会让人们相信自己的努力能改变身边的世界。

在商界，大多数公司都认为练习在他们那儿找不到立足之地，就像奇普和丹·希思在著作《随机应变》中阐述的那样："商业人士的思维模式是先计划，后执行，两者之间没有类似于'学习阶段'和'练习阶段'的中间环节。在那些职场精英看来，练习就是执行力差的表现。"

有一位叫大卫的经理，最近计划要和他的下属苏珊进行一次重要的会谈，苏珊很聪明，也很有天赋，但在处理问题时经常丢三落四，更糟糕的是她总把反馈听成建议（这件事你也许应该考虑尝试一下）而不是指导（作为你的经理，我要求你这么做）。这不仅让她在工作中错误百出，而且也让她和大卫的工作关系越来越紧张。大卫觉得苏珊无药可救，甚至不想再和她续签聘用合同。他准备和苏珊进行一次面谈，将他的担心告诉她，并再一次也是最后一次向她解释，在工作中她必须改正的不当之处。为了准备充分，大卫特地安排时间和他的同事兼朋友劳拉开了个碰头会，他们在会上进行了角色扮演，预演了正式会谈的整个流程。在整个过程中，反馈贯穿始终。比如，大卫先概述了自己想向苏珊传达的意见。劳拉说："很好，我觉得第二、第三点很不错，但是第一点有些过于婉转。你就把我当成苏珊，然后把刚才的几个要点串起来，从头到尾完整地来一遍。你可以从一开始就开门见山。苏珊之所以走到今天这一步和你们沟通不够直接有很大关系。"大卫很快排练了一次，不过这一次他的语气听上去似乎又有点过于生硬了。

劳拉会这样打断他："咱们试一下这样说'我不得不告诉你，我希望你能在几件事情上有非常明显的进步和转变，如果你做不到，这将是我和你在这个公司的最后一次会谈。我很抱歉，我相信你能为我们的团队做出许多贡献，但是我们别无选择'。"大卫会尝试实施劳拉的建议。

当大卫第二次练习时，他对自己的语气不太满意，他觉得自己听上去亲切得有点别扭，不像他平时的风格，因此话语显得有欠诚意。他停下来，没有说话，只是看着劳拉，然后，他说道："我再重新来一遍，我得听着像我自己才好。"他再次回到起点，从头来过。有意思的是，这时，大卫已经把利用反馈的过程内化成了一种自我要求。没有劳拉的指令，他主动停了下来，自己给自己提出了反馈意见，实现了自我纠正。通过练习，他学会了即时利用反馈，并将这个过程变成了一种习惯。

鼓励人们练习利用反馈的另外一个好处就是能加强团队建设。大卫和苏珊的面谈成为了大卫和劳拉共同参与的项目，作为他的同事，劳拉积极为面谈的成功献计献策，同时也成为了大卫许多好点子的利益共享人，长此以往，这将给整个公司带来积极的文化效应。相互反馈，共同进步，能够增强团队凝聚力，建立信任感，激发公司员工潜在的聪明才智。

有效利用反馈，及时改进

• 利用反馈和接受反馈是两种截然不同的技能，通过不断利用反馈，练习者能获得惊人的进步。

• 让人们练习如何尽快将反馈付诸实践。

• 即时观察利用反馈的效果，有助于管理者和教练检验自己的反馈是否有效。

行动，行动，永远要行动在先！

众所皆知，一旦给出反馈意见，立即就会引发各种讨论。大家都忙着畅所欲言，这很容易使得反馈的实际应用遇到阻碍。对于那些忙着对反馈指手画脚的人，你能给出的简洁有效的建议就是"好吧，也许你说得对，不过让我们先来试一下"。

在前面我们所说的大卫和劳拉的会议中，大卫没有先考虑劳拉的反馈是否合理有效，而是马上将反馈意见付诸实践。比如，大卫有可能先对劳拉的意见表明自己的想法："如果开门见山，苏珊没准会情绪激动，我觉得最好还是不要说得太过直接。"相反，大卫立即尝试劳拉的意见，从头开始练习，这就使得最终讨论不仅能建立在他对反馈意见的实际应用上，而且也建立在执行之后的反思上——意见是否真的能发挥作用。这就是反馈的关键点所在：先行动，后反思。

比如，你正在和同事玛尔塔一起练习将要在接下来的几个礼拜里进行的下属业绩评估。你的角色是准备对其中一个雇员卡罗尔给出评价，你先列举她的两三个长处作为开场白，然后切入正题，指出两个你希望她能有所改进的关键问题。当你说完后，玛尔塔告诉你："我觉得你一开始的表扬有一点牵强，感觉像是为了表达你之后对卡罗尔的不满而勉强加上去的。为什么不试着给你的表扬加一点具体的例子呢？不如描述一下在哪些具体的场合她为团队出了哪些力，这样就能让之前的开场白听上去更有诚意。"

通常，玛尔塔的这番评论会让你想到你和卡罗尔之前的互动交流，随后你也许会这样反应："谢谢，我觉得我平时就是这么做的。我非常感谢卡罗尔对团队的贡献，但是我不觉得有必要向她列举具体的事例。"这样的交流很有意思，可能也非常有用，但绝对没有另一种做法有用，那就是继续练习。事实上，在多次练习的过程中，我们发现练习者会不自觉地利用讨论来刻意回避将反馈意见付诸实践。

在刚才这个案例中，最有助于你进步的方法就是带着玛尔塔的反馈意见重新回到练习中去，之后再对意见是否有用进行反思。记住，反馈意见通常都不太符合反馈接受者的思路，甚至会让他们觉得出乎意料——确实，如果反馈意见与接受者的想法正好合拍，那么也就不需要反馈意见了，因为接受者自己就能想到。因此，尝试反馈意见后的结果才会让回顾和反思变得有意义。

简而言之，练习应大致按照以下顺序进行：

1. 练习

2. 反馈

3. 利用反馈意见重新练习

4. 可能多次重复步骤3

5. 反思

但大多数人的习惯做法却是：

1. 练习

2. 反馈

3. 反思并讨论

4. 也许会重新练习，也许不会

我们并不是说接受反馈之后就不能进行任何讨论，确实，有些时候讨论比继续练习更加重要，但是不要过于相信这一点，过快过多的讨论会耗费我们太多的练习时间。记住，我们有很多时间可以用来事后反思，但我们能聚在一起共同练习的时间却是弥足珍贵的。

在我们的培训教室中，我们通常会在人们练习的时候绕场巡视。一般我们的练习者会被分成八人一组，一间教室里约有二十组，这通常有利于大家按照各自的节奏进行练习。在我们巡场的时候，经常会发现某个小组正讨论得热火朝天，他们经常会想着把我们也拉进他们的争论中："我们刚才还在说，如果碰到这种情况，你们会怎么做？"这些讨论也许极有价值，但要在尝试反馈意见之后进行。对我们而言，反思是最后一个环节，所以我们会这样回答他们："现在该轮到谁了？"我们认为，经过实践反馈意见以及反复练习之后的思考才更有价值。所以，先练习、接着接受反馈，然后马上重新练习，接下来你就可以好好思考一下反馈意见是否有用了。

行动，行动，永远要行动在先！

● 反思虽然有价值，但也可能成为进一步练习的障碍，要求练习者先尝试反馈意见，然后再进行反思。

● 如果练习者先练习利用反馈意见，然后再反思，那么他们就会在评估反馈意见时掌握更多的分析数据。

● 如果练习者在本应该进行练习的时候沉湎于过多的讨论，请用一句"现在轮到谁了"督促他们回到练习中去。

即时反馈，速度决定了练习的质量

在《和爱因斯坦一起漫步月球》一书中，乔舒亚·福尔谈到医学年鉴中记载的一个奇怪现象：乳房X射线照相医师工作时间越长，他们看射线照片诊断的准确度反而会下降。为什么？福尔指出，这些医师在仔细看片之后做出诊断的过程中，要经过相当长时间的等待才能获得医院检验科的正确反馈信息。有时是几个礼拜，有时甚至要几个月后他们才会接到医院检验科的电话，获悉自己的诊断是对还是错。到了那时，他们也许已经忘了当初诊断的依据是什么了。

事实证明，反馈中最关键的因素就是速度——或许速度是决定反馈是否成功的唯一重要因素。还记得英国第二次世界大战时的"听风者"吗？培训新人的关键之一就是在数秒之间给出对或错的反馈，而这就是我们所说的极短的反馈回路。

在每一次导致行为改变的反馈过程中，反馈是否及时远远胜于反馈的质量。如果你想改变行为，那就要缩短反馈回路，即刻给予练习者反馈意见，这要比过后给予更多的反馈意见——哪怕过后的反馈意见较之前的更有质量，更能迅速有效地改进练习者的表现。

约翰·伍顿对于及时反馈几乎到了走火入魔的地步。他的一位前队员曾经这样写道："约翰认为如果发现问题不立即指出，那么后来的纠正就会失去效果。"因为随着时间的流逝，球员的思维和身体就会忘记当时的情况。如果不及时纠正错误，纠正就会失去意义。如果你正在为练习设计方案，那么请尽可能缩短反馈回路——让反馈变得迅速、频繁。为了达到这个目的，最好的办法就是制订计划，让反馈成为练习中的一个常规环节。我们的同事罗伯·理查德最近在学骑摩托车，他在课程中切身体验到了什么是即时反馈。罗伯告诉我们，骑摩托时出现的错误，哪怕是练习中的一个很小的错误也有可能危及安全，所以快速反馈是这个课程中的必要环节。他有两位教练，一位负责示范和说明，并带领他骑车穿过一段设有路障的短道，另一位教练则站在一旁观察，每次罗伯骑完短道后，他就立刻提供反馈意见。教练本来可以给罗伯更多的反馈，他们可以把反馈逐一罗列在纸上，这样罗伯就能拿到一份详细的反馈记录，并且可以时不时拿出来复习一下。但是，罗伯的教练却选择了即时给予反馈，然后把罗伯带回起点，重新再骑一遍。经验丰富的摩托车手比大多数汽车司机更明白技能动作如果不及时纠正，就很可能带来致命的危险，所以他们在每一段练习后都会立即给予反馈，甚至在罗伯摘下头盔之前就迫不及待地给予反馈。

凯蒂最近在学校的一次练习指导中也体会到了及时反馈带来的好处。当时，她正在带领教师们一起练习一项被称为"冷不丁叫到你"的教学技巧，训练要求教师不管学生是否举手，直接就把他们叫起来回答问题。这项技能如果使用得当，就能很好地引导学生专心听讲，提高课堂效率。不过对于从未尝试过这项技能的教师而言，它的确会让人望而生畏。凯蒂先向大家详细介绍了技能要领，然后让一个教师站到扮演学生的同事面前进行练习。那位教师因为有点紧张，本来应该先提问后点名的，结果他却先点名后提问了。原先的计划是让他进行两分钟的练习，然后由凯蒂和其他同事给出反馈意见，但因为这个错误让那位教师乱了方寸，于是凯蒂当机立断，决定在练习半途给出指导意见，缩短反馈回路。

当中断练习的时候，凯蒂表现得非常自然，让大家感觉到在练习中遇到困难是不可避免，也是无须畏惧的。她告诉那位教师他离正确的练习仅一步之遥，但是他需要重头练习，改正一些小错误。他应该先提问，然后停上一小会儿，再判断应该让哪个学生来回答。凯蒂安慰他说："不着急，让我们用一分钟时间先在脑海里排练几遍，如果觉得准备好了就冲我点点头，然后我们回到起点，重新再试一遍，你肯定行的。"

凯蒂在教师遭遇困境的时候及时中断了练习，并且立刻告诉教师反馈意见，然后鼓励他回到起点，这样他就可以在第二次练习中吸取凯蒂的意见。在这之前，她还让那位教师在头脑里进行预演。很快，那位教师就淡定下来，并表现得很好，这中间只隔了短短几秒钟的时间。

正如奇普和丹·希尔在他们书中所指出的那样，小小的变化往往能解决一个——或是看上去——很大的难题，刚才那个案例就很好地说明了这一点。但如果当时凯蒂说"让其他人来试试"，那位教师就会对自己的失败耿耿于怀，原本一个小问题就会变成一个大问题。而现在，凯蒂的即时反馈帮助那位教师成功克服了困难，那位教师在一分钟内就成功地练习了这项技能，而且对自己的表现和结果都非常满意，周围的同事也感受到了他的好心情，纷纷与他击掌祝贺。这一刻不仅是他个人练习表现的分水岭，也让他对通过练习掌握的技能充满了信心。

当我们想通过利用反馈来加强某项技能时，迅速的反馈是我们能达到目标的最佳手段。当我们在考虑我们希望人们做什么（或是不要做什么）的时候，我们很有必要思考一下是否应该进行即时反馈，告诉他们该做什么以及怎么做。要知道，在三个月后的业绩评价中猛然得知自己在某次会议上曾犯了一个错，是一件多么令人郁闷的事情！

即时反馈，速度决定了练习的质量

• 快速获得反馈比反馈是好是坏更加重要，即时给出反馈，即便那一刻的反馈并不完美。

• 记住，马上付诸实践的一个简单的小改变，远比重新梳理技能更加有效。

正面反馈，激发优势的力量

我们经常认为反馈的用途就是亡羊补牢。通过反馈，人们能知道他们哪里做错了，如何才能做得更好。但就像我们在前面所说的那样，练习的目的并不是纠正我们犯下的所有错误。多年前，世界上出现了一支由多位"积极"心理学家组成的研究团队，他们的研究焦点不是哪儿出错了，而是哪儿做对了。在过去的几十年中，积极心理学家们仔细研究了很多实例并从中获取经验，让更多的人明白了积极的力量。

找出不足，然后一一攻克，所有卓有成效的练习或早或晚都能实现这一目标，我们并非想要贬低这一过程的重要性。但是，在如何获取成功方面，克服缺点的作用远远不如强大的优点的魔力。咨询顾问马库斯·白金汉的著作《首先，打破一切常规》一书自出版以来一直在商业书籍榜单上名列前茅，书中强调，比起克服缺陷来说，公司更能从优势管理中提高业绩，此论点的影响力扩散到了各行各业。白金汉在书中指出，所谓"每个人最大的发展空间就是他最薄弱的地方"这种说法并非完全正确。事实上，在人们所擅长的事情上，或者在他们将现有的天赋应用在全新的领域中时，人们往往能够获得更快、更大的进步。退一万步讲，注重正面积极的反馈，其作用至少不会比注重反面消极的反馈差，当然前提是你运用恰当。

这个"前提"是个大问题，因为说到正面积极的反馈，大多数人都会把视线转向我们所认为的最有成效的方式上：表扬。比如说："做得对，干得好！"这话听上去不错。它确实能给人们鼓劲，起到激励作用。但是，我们通常会认为，只要这么一句话就够了，所谓激励无非就是让人们有一种成就感，但事实却并不是这样的，为了让正面反馈真正帮助练习者掌握重要技能，你必须掌握表扬的技巧。

我们来看这样一个案例。你正在后院教女儿丹尼尔如何截住地滚球，她是个积极主动、刻苦好学的孩子，可是截住地滚球所需要运用到的技能实在太多了。你得移动步伐，跟着球快步后退，手不触碰球；你必须保持臀部往下，头往上；你必须张开手套，保持腕部放松，手套必须贴着地面。一开始，你仅仅是在给丹尼尔鼓劲，所以你努力地赞美她："这个动作你做得很好，丹尼尔！保持住！"可是"这个动作"究竟指什么？如果你先明确告诉丹尼尔"这个动作"指的是什么，然后再要求她"保持住"，那么效果肯定会好得多。试试看在你刚才那句赞美"这个动作你做得很好，丹尼尔！保持住"中加入"明确指向"帮助她弄明白"这个动作"究竟具体指什么：

"好的，丹尼尔，你的脚步移动得很快，而且一直紧跟着球，保持住！"

注意到没有？同样是表扬，可是意思清楚多了。它把一个动作描述得非常具体，非常清晰，丹尼尔听到后就能照着做了。你夸奖她脚步动作远比告诉她"你在急速行进"要好，因为她可能对于什么叫"急速行进"尚未建立起清晰直观的认知，如果她不知道"急速行进"究竟是什么样子，那么她就无法照样再做一遍。事实上，丹尼尔有很多动作都已经做得很到位，所以你可以选择夸奖的内容。比如，你想表扬的重点不是她眼下正在做的事，而是她在练习中的投入与付出。你依然可以指向明确地告诉她：

"好样的，丹尼尔。你练了整整一个礼拜，看看现在你有多棒！"

这时，你所关注的就不再是当球朝她滚来时她的脚下动作，而是她这些天来为了取得这一刻的进步所付出的努力，两者都是丹尼尔的成功之处，你想选择哪一种表扬取决于你想让丹尼尔有意识地关注哪一个方面。强调刻苦和成功之间的关系绝对是非常必要的，因为我们从小所受的教育一直在告诉我们天赋是培育成功的土壤，却往往忽略了努力这个必要条件。刻苦与成功之间的直接关联并非人所共知，所以在付出与得到之间画上一条清晰的连接线是很有必要的。

现在，丹尼尔已经明白自己哪个动作做得很好了，她可以把你的语言所描述的意思和可以复制的动作联系起来。在理想的状态下，她的内心肯定会对自己说："嘿，这一招真管用！我会继续尝试侧向小跑，我会越来越棒的。"

经过几个小时的训练，后院里的丹尼尔不仅学会了在左侧截住地滚球，右侧的技能也有了很大的进步。这时，丹尼尔心里的那个声音又跳了出来："看来脚上功夫确实有用。如果在球飞过来之前运用侧向小跑就可以让我截住地滚球，那么在投球时这一招没准也能派上用场，今天实在是太棒了！"

好吧，虽然想法有点天马行空，但是你帮助孩子发扬优势的这招的确奏效了。

"不错，丹尼尔。让我们连续练十次！你干得太棒了，让我们试试在其他地方能不能用到快速启动和小跑步。"

这就是白金汉所说的优势管理的核心内容。如果你意识到团队中有人在某方面做得相当出色，就应该立即思考一下能不能通过其他方式高效地应用这一天赋。

记住这一点后，让我们回到之前例子中的大卫身上，当时他正和劳拉一起为和其下属苏珊进行开诚布公的会谈做会前准备。大卫和劳拉从头至尾进行了排演，两人一起出谋划策，并在角色扮演中尝试了所有的建议和想法。在练习谈话应该采取哪种方式时，大卫突然找到了准确的语气定位：礼貌但坚定。这种语气能准确表达他对苏珊的同情，但更重要的是能帮助她意识到改进的紧迫性。

对于劳拉来说，这也是一次运用优势效应来夸奖同事的绝好机会。"就是这样！恰到好处，"她说，"正式会谈时你就要用这种语气。但是这还不够，你我都清楚苏珊的火爆脾气，到时候她可能会把你激怒。你懂的，比如当她说'你的意思就是说我是一个一无是处的废物'时，我希望你即便是在听到这种话的时候，依然能够克制自己，继续使用刚才有礼有节的语气。事实上，咱们可以花上几分钟练习一下。你从第二、第三点开始谈，我就是苏珊。我现在正准备为自己辩解，随时可能和你大吵一架，看看你能不能用你刚才的语气控制住局面。"

现在劳拉正在帮助大卫认识到自己的成功，而且鼓励他在新的情景中加以应用。如果之后大卫和苏珊的会谈进行得非常顺利，劳拉会进一步推广，比如，建议在其他场合运用大卫在角色扮演时所使用的语气。

积极正面的反馈能帮助学习新技能的人们更加有意识地、更加频繁地在不同的场合与环境中复制成功，它能帮助人们变得越来越优秀，越来越强大。积极反馈所做的远远超过激励鼓劲，它能让人更高效地进行练习从而不断获得进步。能够熟练运用积极反馈的教练、经理和教师赐予了他们的球员、职工和学生一份用之不尽的礼物，并让他们明白了是什么造就了他们的成功。

正面反馈，激发优势的力量

• 练习中，人们出色完成的部分与他们没有顺利完成的部分同样重要。

• 通过三种方式帮助人们运用优势，获得成功：

1. 帮助练习者更加清楚地看到自己做得成功的地方。

2. 帮助人们复制成功。

3. 帮助人们在新场合、新环境中应用他们已经成功掌握的技能。

具体可行的反馈，让练习更有成效

良好的反馈能用具体的、可执行的语言描述解决方案，而不是描述问题本身。如果你要针对你的经理和职员的互动过程给予反馈意见，你也许会说："措词不要这么生硬，这会挫伤员工的积极性。"但你的反馈只是指出了经理的不足之处，并没有为他提供正确的做法。在和孩子相处时，我们经常会犯这样的错误。想一想，如果我们将描述问题的语句"不要开小差"变为告诉孩子应该怎么做"坐到桌边来，开始做作业"，那么情况将会有巨大的改观！

之前我们曾描述过同事罗伯学骑摩托车的案例。当他告诉我们参加了这个课程时，我们都不以为然，觉得这和我们都已熟知的司机技能培训大同小异：坐在拥挤不堪的教室里，一群准司机神情呆滞地听着一堆陈词滥调。但真实情况却正好相反，罗伯在邮件里描述的摩托车课程让我们大为吃惊，之后我们将其中的一些环节应用到了自己的培训中。

我开始训练已经有一段时间了，课程对我的帮助出乎我的意料。有好几次我知道自己的技术动作不太对，但总是不明白究竟哪里出了问题。好在教练马上就给了我非常具体的反馈意见，我的练习效果大为改观，一句简单的"打弯的时候要抬起头"就能让我下一次的练习变得更加完美。

罗伯描述了一开始他怎么也不能绕着锥形路标打弯，教练就告诉他，关键问题是他的眼睛应该往哪儿看。当他驾车接近的时候，他应该用余光打量路标，但眼睛还是应该直视他驾驶的方向。显然，如果你直接朝着路标看，那么你的车就会朝着路标撞上去。但是，教练在罗伯能够听取建议、成功完成这个技能动作之前，并没有和他深入探讨为什么要这样做的原因。在那个时间点，他们只告诉他应该做什么！让我们在这里重申一遍：他们只告诉他应该做什么——当你驾车驶近的时候，眼光略略带过锥形路标，但眼睛一定要继续紧盯你前行的方向。

现在，让我们来回想一下你在培训、体育训练或学校里的经历，有多少次那些负责指导的教练、教师没有告诉你该做什么。他们告诉你的往往是"不要用力过猛"，"在会议上不要讲不专业的话"，而真正能够解决问题的方案应该是用"平稳地挥棒"来取代"不要用力过猛"，用"当别人告诉你他们来自哪个国家时，只要表示荣幸和欢迎即可"来取代"在会议上不要说不专业的话"。

仅仅告诉练习者做什么还不够，我们的反馈应该描述解决方案，而不是给予"模糊建议"。现在让我们通过以下这张简表来比较低效反馈（描述问题本身或仅仅给出模糊建议）和能让听者欣然接受、描述解决方案的反馈有什么不同。

描述问题	模糊建议	描述解决方案
不要用力过猛	放松	挥棒动作要平、要稳
在会议上不要说不专业的话	下次开会你要改进	表达荣幸和欢迎之情

在实战演练中，成功的反馈必须简短。当你和你的团队在急救室里火速进行术前准备训练，或者在为歌剧《茶花女》进行彩排时，你根本没有时间给出稍长一些的反馈意见，比如"调整灯光让它打在创口的正上方"或者"站过去，站在群舞的左边"，因此，你可以在练习中发明一些简短的提示语，这样你就可以在正式场合喊出简短有力的指令，见下表：

较长的描述	简略语
挥棒动作要平、要稳，想象一下你的球棒落在球面上的感觉	落在球面
站在球门和队友之间 球离你越远，保持的移动空间就要越大	球门、空间
当别人告诉你他们来自哪个国家时，只要表示荣幸和欢迎即可	表示荣幸

具体可行的反馈，让练习更有成效

- 尝试着将告诉练习者"不要做什么"改成"应该做什么"，从而帮助他们获得成功。
- 你必须给出具体且可执行的指导。
- 将常用的指导语言缩短简化，以便更简单迅速地加以使用。

关注重点，解决最紧要的问题

每个人都有自己的梦想，假设你特别想成为一名网球高手，于是，你请了一位"超级教练"做你的私人指导。对于网球他了如指掌，如果你能把他的技能全都学到手，那你成为网球高手就指日可待了。但是训练开始还没几分钟，你就觉得坚持不下去了。教练不停地吼道："我再说一遍，正手击球时你要记住九个要点，只有九点。"你竭尽全力却还是顾此失彼，虽然他已经提醒你无数遍了。当你记着先把球拍举起来往后拉时，他却呵斥你没将球拍侧对球网。你正忙着纠正手上的姿势时，你脚下的步法又成了他攻击的对象。当你开始注意自己的步法时，他又说你击球后球拍没有顺势挥出弧线。最后，你沮丧地觉得自己可能永远也学不会打网球了。

其实，知道怎么做并不意味着我们真正能这么做，这中间需要我们付出很多的努力。如果知识没有细分到你能吸收掌握的程度，那么它反而会成为学习过程中的障碍，这就是那位超级教练的问题：让你在练习过程中同时记住九个要点，这对于新手而言是不可能完成的任务。不过，他不是唯一犯这种错误的人，大多数人都会不由自主地一次性给予练习者太多的反馈。当一个表演者、职员、球员或学生同时关注超过两个具体事项时，他们的注意力就会分散。你要求掌握的技能越多，结果就越会让你失望。

教练、培训师和管理者最关键的技能就是建立自我约束力，将需要关注的点高度集中，越少越好。虽然你清楚你女儿在弹奏《月光奏鸣曲》的过程中出现了十五个错误，但是你一次只需要着重指出其中最重要的错误，其余的错误可以一律延后。做到这一点绝非易事，但你必须这样做，一个注重效率的团队领导者必须帮助团队成员集中力量攻克目前最紧要的少数几个问题。

在职场上，我们会遇到很多难题。如何权衡反馈意见的优先顺序，然后找到恰当的时机给出尽可能少的反馈，这都需要我们抓住练习过程中出现的最重要的问题。

关注重点，解决最紧要的问题

- 限制反馈意见的数量，以便练习者每一次可以关注和练习尽可能少的技能。
- 避免海量的反馈意见让练习者不堪重负。

让关注反馈成为一种习惯

作为学校领导人，道格是个传奇人物，他负责的十几所学校都成功地让学生取得了非凡的成就。参加过道格培训的校长和经理都喜欢在给予反馈时引用他那句标志性的口头语——我要给你一份礼物，反馈的礼物。这句话能让人们做好准备接受反馈，并且感到自己获得了尊重。

之前曾在饮料公司担任CEO，现为艾克滕咨询公司的总裁梅格里德·艾克滕，在最近一次《纽约时报》的采访中说道："我在百事可乐工作时，有一位老板的话让我印象深刻，他说如果你关心在乎一个人，就给他富有建设性的反馈意见；如果你不在乎一个人，那么就一个劲地拣好听的话说。"给出反馈可不是一个简单的活儿，组织恰当的语言更非易事。但是只要你稍微用心一点，就能给反馈意见的接受者一份珍贵的礼物。

为了实现这个目标，你要设计一些具体的语言，能够让人们听上去自然而有诚意，这将有助于反馈接受者心情舒畅地采纳意见，其中，最为有效的语言就是开场白。艾丽卡在最近一次教师培训中，尝试了开场白的练习，为了确保所有的成员能够在任何场合有效地给予他人反馈意见，艾丽卡建议他们在开始交谈时先加入下面两句话："我觉得有一点你做得特别好……"和"如果试着去……那么……"

每当听到这两句话时，听话者就立刻能明白对方正准备给予反馈意见，这能帮助他们更有效地进入正题。

艾丽卡还顺便在培训结束时，让练习者彼此分享他们从其他教师那里接受的特别有用的反馈意见。讨论有用的反馈能突出反馈的作用，提高反馈的价值，而表扬人们给出有效的反馈则能鼓励他们更多地给予类似的宝贵意见。

如果你越来越频繁地给予并接受反馈，那么它就会成为生活和工作中最寻常、最开心的事情。千万别等到别人失败了再给予反馈，那时的反馈会自然而然地成为犯错的代名词。要想让人们对反馈习以为常，就必须经常使用反馈，特别是当练习者做得出色的时候。

让关注反馈成为一种习惯

- 不断地给予、接受反馈，反馈就会变得越来越寻常。
- 在开始练习的时候就给出反馈，不要等到出现问题或错误时再进行反馈，因为这样反馈就成为犯错的代名词。
- 巧用开场白，不仅能帮助人们给出积极正面的反馈，还能帮助人们给出富有建设性的反馈。

正确领悟反馈

前不久，凯蒂在面试一位应聘者的过程中发生了一件值得我们深思的事情。应聘者是年轻的教师吉莉安，按照规定，她要先上一堂试讲课。几天前，吉莉安就向凯蒂递交了授课计划。虽然计划比较明确地体现了教学目标，但整体设计布局却毫无章法，如把本该简单明了的教学环节设计得复杂冗长；授课流程漏掉了若干步骤；在一些非重点的地方安排了过多时间。其实这份授课计划中的每一个错误都是可以通过适当的练习进行纠正的，于是我们在招聘流程中加入了一些环节，从中可以观察到应聘人员如何回应以及应用我们的反馈意见。

凯蒂将她的修改意见告知了吉莉安，希望她能将计划制订得更加清晰、更有条理，她们在电话里谈了大约半小时。第二天，吉莉安重新递交了一份授课计划，并且踌躇满志地告诉凯蒂她已经修改了所有建议修改的地方。她的确修改了，但却不是凯蒂想要的结果。事实上，人们总会做一些无用功，这比什么都不做更加让人头疼，所以，你如何才能确保他们听懂了你说的话呢？以下的三个技巧将帮助你确认接受者是否已经准确地领会了你的反馈。

技巧1：概括反馈

如果你在给出反馈意见后想知道接受者是否明白了你在说什么，其中最简单的一个方法就是让接受者概述一下你的意见，它能让你马上明白接受者听到的和你所说的是不是一回事。

当反馈意见比较复杂，其中既包含了肯定意见又包含了否定意见时，这一做法尤为重要。我们经常会碰到这样尴尬的问题：你告诉某人你非常欣赏他的某个优点，但同时也发现这个优点本身带有缺陷，最终可能会让优点变成缺点——但是反馈接受者有可能会把这段需要区别对待的评价听成了纯粹的表扬。

经理贾斯汀最近意识到她的团队成员都不喜欢和队员卡拉共事，虽然表面上他们都很尊敬她。事态渐渐发展到了影响整个团队的士气和业绩的地步，贾斯汀认为有必要找卡拉谈谈，贾斯汀一直很认同卡拉做事严谨专注，敢于发表意见，她只是希望卡拉能明白，有时她的专注会让别人觉得她过于严苛甚至一意孤行，这样一来，谁都不愿意和她一起工作。只要在工作中多一些欢声笑语，多一些积极倾听，就能让她的工作更有成效，同事们也更容易发现她的优点，并意识到她的努力和付出。于是，贾斯汀在开月预算会议时，决定和卡拉敞开心扉谈一谈，并指导卡拉练习如何让自己看起来通情达理，富有人情味。为了让这个会议不至于开成批判会，贾斯汀这样开场："你工作中最让我印象深刻的一点就是你为整个团队营造了严谨的工作氛围，对此我非常赞赏，我只是在想我们能不能通过展现你更加人性化的一面使这个优点进一步发扬光大——比如，把你在家里对待孩子时充满温情的一面展现在工作中。好，让我们一起来研究月预算，不过我希望你把我当成你的同级，而不是你的上司。希望你能采纳我的建议，试着在我们的工作中展现你的温情。当你觉得我的意见有用时，明确地表现出你的认同感。"

我们先来看看贾斯汀的反馈，说实话，并不能让人十分满意：它像我们大多数时间所给予的反馈意见一样有许多不完善的地方。贾斯汀在表述自己的意见时不够直接，这话在卡拉听来变成了问题不是出在卡拉身上，而是在她的同事身上——"是他们没有看到卡拉温情的一面。"我们假设卡拉按照贾斯汀的指示"练习"了展示温情，可事情并不顺利，贾斯汀没有看到预期的成效。卡拉确实不自然地笑了几下，但是对她来讲，这个会议归根结底还是预算会议，练习不过是走走形式而已。于是，贾斯汀不得不喊停。

"卡拉，我知道我们在做预算，我也很欣慰我们已经取得了不小的进展，我很清楚你能很轻松地把预算搞定。我们是不是可以倒回到会议开始时的谈话中去？你能不能概括一下这次会议的目的？"现在贾斯汀所做的工作就是要求反馈的接收者复述所听到的内容。要想知道接受者是否已经理解反馈意见，这是一个最简单直接的方法"告诉我刚才我对你说了什么"。这个方法的好处在于它能让贾斯汀判断出：卡拉是听明白了反馈意见，但没有能力（或不愿意）照做，还是卡拉根本就没有听明白贾斯汀的谈话重点。如果问题出在卡拉的执行能力或意愿上，贾斯汀就可以直接告诉她这个问题的紧要性，就能让她有意识地重视这个问题，如果问题是卡拉没有听明白反馈意见，贾斯汀就可以重申练习目的直到考拉听懂为止，这样贾斯汀就不会把时间继续浪费在一个没有明确目标的练习中。同时，贾斯汀也能检讨如何才能让自己的反馈意见更加易于理解，这个过程同样能让她获益。

对于有些人而言，要求他们重复你早先对他们说过的话，可能会让他们觉得你高人一等。你可以对你的下属使用这个方法，但如果你是在团队中进行练习那该怎么办呢？在这种情况下，有一句话也许能帮到你，它不仅能让你的要求听上去更为含蓄婉转，而且能让双方的注意力得以集中，这句话就是："我们能不能确认一下彼此的理解是否一致？"

技巧2：排列反馈的优先次序

贾斯汀可以应用的另一个技巧就是让卡拉排列一下她所接受的反馈意见的优先次序：

"卡拉，我希望你在做预算的时候能尽可能地和同事进行温和友善的沟通，尽可能做到有商有量，让我看到你其实非常重视团队合作，并能对同事的努力表示感激，我之所以要求你这么做，是因为我觉得团队成员还没有太多机会能看到你亲和的一面。我们想了一些有助于你改进的办法，你能不能用一两分钟的时间思考一下，你希望马上实践哪两条在你看来非常重要的意见吗？"

这个简便的方法能带来很好的效果：卡拉的优先排序能让贾斯汀知道她有没有领会到她的言下之意，同时，这个方法能更进一步地要求卡拉明确具体的实施步骤，并让卡拉置身于改造计划中，选择对她而言最为可行的练习方法，不仅如此，而且还能激发卡拉的责任心，自觉地开始关注自己的具体表现。

技巧3：下一步行动

最后，贾斯汀可以向卡拉提出一些更为具体的要求，比如下一步她会怎么做，"好吧，卡拉。为了确定我们对这件事情的理解是否同步，你现在就练习一下，把自己温和的一面尽可能地展现出来，我希望在两分钟的时间里让我看到你精彩的表现。"

这一做法的特点就在于迅速、高效，它能让卡拉集中注意力，快速应用反馈意见，如果她未能如她所言顺利地进行练习，你就得鼓励她继续努力："好吧，已经过去三分钟了，看来这比我们想象的要难一些。让我们再来研究一下。"或者"不错，到目前为止非常顺利。让我们接着往下继续，告诉我你还想尝试什么新方法。"

正确领悟反馈

● 不要以为只要你给予反馈，人们就能正确领会你的意思，请至少用以下三种方法确认他们的理解是否有误。

1. 让接受者简要复述你的反馈意见。

2. 让接受者对反馈意见的优先顺序进行排列，找出最重要的部分。

3. 让接受者明确指出在实践反馈意见时所要采取的下一步行动。

5

如何在团队中进行
刻意练习

练习不可能在真空状态下发生。团队或组织机构——一支篮球队或一个跨国公司，对练习的支持程度可以决定人们到底是热衷于练习，积极地面对挑战，还是对练习避之不及。成功的练习不单单取决于成功的规划与设计，还取决于是否成功地创建了一种练习的文化。这里的"文化"指的是人与所属机构产生的互动，以及他们共有的核心理念，即某个组织机构或系统中人们视为天经地义的观点以及自然而然的事情。比如：人们如何看待、谈论练习，他们对于自我发展和自我完善的看法，当他们在观摩同事练习时如何反应，有没有为练习中的同事提供帮助。以上所有这些对于一个重视人才培养的机构而言都是至关重要的。

威尔康奈尔医学院玛格·丽特和伊恩·史密斯临床技术中心的康永博士就创建了这样一种文化。她通过建立一整套全球通用的练习活动，将医学院的学生训练成为优秀的职业医师。这听上去似乎是理所当然的事情，医学院本来就是专门为学生练习医术而设立的专科学校，但是并非所有的医学院都能像威尔康奈尔那样不遗余力地创建练习文化。很多学校在为学生提供更好的练习环境、设计更好的练习项目上显得有些敷衍了事，至于学生能否在正式走上工作岗位前做好准备似乎与学校无关。从前的威尔康奈尔就像大多数的医学院一样，只注重在教室里培养那些会正确设定服药剂量、进行例行身体检查的医生。至于如何和病人打交道，那就只能等到学生真正进入医院后边工作边学习了。

随着病患安全问题引起越来越多的关注，全美所有的医学院开始将模拟练习和角色扮演纳入他们的常规课程。"标准化病患接待"，最初由霍华德·巴罗斯博士于1963年在南加利福尼亚大学使用，现在已经成为全美医学院推行的行为标准。在测试中，和学生"演对手戏"的病人是经过专门培训、熟知流程细节的专业人士，这就让整个看病过程变得更加逼真。学生在进入威尔康奈尔医学院的第一年就要接受标准化病患接待的训练，这种训练为学生提供了开展核心工作、获得即时反馈的大好机会，同时也让他们在职业生涯尚未开始之前，就预先体验并熟悉了和病人打交道的每一个细节。

康永博士很早就开始探索如何通过练习提高学生的学习效率，她认为练习和病人建立良好的合作关系对医生来说尤为重要，和睦融洽的医患关系有助于医生做出更加准确的诊断和开展更加有效的治疗。在康奈尔，学生将在角色扮演练习中学会应用这项技能，他们为病患扮演者诊断病因，想病人所想，急病人所急，在问诊中注意积极倾听，不错过病人所描述的每一个细节。已有研究表明，如果医患之间建立起坚实的合作互信关系，那么病人就更有可能认真地遵循医嘱。如果医学院的学生仅仅练习单一的临床技能，毕业时尚未学会如何建立良好的医患关系，那么日后他们真正踏上工作岗位时，如何对待病人这个问题将会让他们大伤脑筋。

康奈尔在"标准化病患接待"课程的每一个环节，都严格遵循了练习法则。他们不仅为练习设置了模拟环境，还为练习创建了良好的文化氛围。比如他们设立了中心观察室，以便让教师观察学生与病人扮演者之间的互动练习，观察室里设有单向观察镜以及无线耳机等，导师可以切换视频以观察不同练习室里的情况。房间里还设有视听录像设备和麦克风，可以全程录制练习过程。通过这些手段建立的纵向数据分析，可以让导师详细地看到学生的进步，确保练习能为学生在学习期间以及从业之后的表现带来积极的影响。正如我们在前言中所说的那些足球教练，他们在分析比赛录像上花了大量的时间，但是分析练习时的录像其实更加重要——分析练习录像能让你明确地感觉到进步确实来自练习。

如何在你的工作环境里建立起练习文化，并且向人们传递一个信息：练习是你所做的最重要的工作之一？克雷格·兰伯特在为《哈佛杂志》撰文的《课堂暮光》中描述了哈佛物理学教授埃里克·马祖尔遇到的教学问题。他注意到学生在课堂上并没有真正学到有用的知识，"这些学生能很好地应付教科书式的问题……但对一些隐藏在公式背后的简单提问，他们却往往一筹莫展。"于是他改变了教学方法，鼓励学生相互讨论，积极主动地参与学习而不是抱着书本死记硬背，两个月后，学生有了很大的进步。

在康奈尔，一切都为练习、观察、反馈而设。模拟练习后的第一轮反馈来自病人扮演者，他会从一个患者的角度对刚才的沟通练习进行评估（比如，学生有没有在和我打招呼时称呼我的名字，有没有听心率、测脉搏）。这些扮演者接受过专业培训，他们知道如何以富有建设性的反馈告诉学生，和学生扮演的医生交谈感觉如何，以及通过观察医生的身体语言获得了哪些信息。在接受病人扮演者的反馈意见后，学生随即就会和导师一起讨论。最后，学生通过录像观看自己在练习中的表现，并进行自我评估。

共同练习，交换反馈意见能让个体参与到团队合作中。我们向往并为之努力的文化建立在合作练习和交换反馈之上，并且在整个过程中始终贯穿着一种坚定的信念：成为一名最好的医生。在康奈尔，日常文化建设都围绕着促进高效练习和反馈展开。

敢于面对错误

当你因为球员犯错或没能达标而惩罚他们时，你无疑就是在营造一种如履薄冰甚至提心吊胆的氛围。在体育比赛中，这就和严令球队"不许输"相仿——不可否认，这道命令带来的往往是失败。

——约翰·伍顿

我们有一个朋友从事滑雪运动，她的滑雪技能简直让人惊叹。她向我们说起，在她实现突破的那一刹那，她记住了两个重要事实：一、失败很正常，而且失败并不意味着技能不够；二、稍稍超越力所能及的范围主动挑战极限能让她变得更好。她必须相信，暴露缺点才能促使自己表现得更加优异，即便冒着闹笑话、陷入尴尬的风险。

你如何通过建立一种企业文化拥有一批愿意理性地尝试冒险以求进步的无畏员工呢？一个成功的企业应该帮助员工认识到失败概率和技能水平是两个互相独立的变量，帮助他们不要因暴露弱点、害怕犯错而畏首畏尾，因为在良好的企业文化中，他的同事一定会伸出援手，帮助他克服困难，取得进步。要让员工感到同伴间的信赖与忠诚，甚至享受到练习的乐趣，而这漫长旅程的第一步就是要让员工坦然地面对错误。

专家到底是如何定义错误的呢？《和爱因斯坦漫步月球》的作者乔舒亚·福尔找到了答案。当福尔准备花一年的时间增强记忆力时，他请来了"世界顶尖记忆力专家"埃里克森，并与其"达成协议"，福尔把受训时所有的记录交给这位美国记忆冠军。作为交换，埃里克森和他的研究生将和福尔一起重新分享这些数据，以便找到让他持续增强记忆力的方法。高强度训练开始的几个月后，福尔的记忆力水平停止了继续提高的势头。埃里克森建议福尔参考一下其他专家的应对经验，后来，福尔意识到克服这种状态的妙招就是练习失败。

以学习打字为例。刚开始练习打字的时候，我们会不断地进步，直到最后到达一个速度与精确度的峰值。可是，这之后，哪怕我们在工作、生活中依旧不停地打字，可是我们的水平却无法继续提升了。研究者发现，当要求研究对象挑战他们的极限，将速度提高10%~20%，但同时允许他们打错字时，速度会再度提高。他们打错字，然后纠正，再打错，再纠正，最后终于成功地加快了速度。如果福尔想要跨越他的"停滞带"，他就要努力练习错误。

将这条经验应用到公司时会面临很大的挑战。大部分企业对于错误唯恐避之不及，企业的理由正当而且充分，有时候错误的后果太过严重，付出的代价可能是失去客户或是导致大规模的产品召回。即便将错误的代价将至最低，职场里的许多人还是会害怕犯错，更害怕犯错时被人逮个正着。公司面临的挑战就是找到合适的方法，在学习和练习环境中将错误正常化。

将错误正常化的具体步骤如下：第一步就是让人们像滑雪选手和打字练习者一样直面挑战并且允许他们犯错，第二步就是帮助练习者提高自身水平以应对错误，这并不是让你对错误视而不见，或者自欺欺人地将错误最小化，而是要帮助人们在错误变成习惯前改正它。

我们从优秀教师的教学录像中发现，他们非常善于建立一种课堂文化——将错误视为学习过程中正常的一个环节；但同时，这些教师一旦发现错误，必定会立刻加以纠正。优秀教师不会轻视错误的重要性，他们不会让错误蒙混过关，不予指明。当一个三年级的孩子在段落朗读时犯了几个小错，教师会让她把出错的句子或词组重新读一遍："试着再把这个句子读一遍。"如果错误依旧，教师就会稍加点拨给予提示，以温和而又坚决的方式纠正错误。当然，他们更倾向于让学生进行自我纠正（比如让学生重新朗读出错的段落，自己发现并加以改正）。

不管是在职场、教室或是团队中，人们采取什么态度来面对错误取决于平时人们如何谈论错误、如何解决错误。如果一个学生受到鼓励并勇于挑战，就会给所有的学生都能带来积极而深远的影响，所有的学生都会更加积极地看待自己的学习，并在学习中互相支持，互相帮助。教室是一个允许犯错的安全场所，在这里所有的错误一旦出现，就会被立刻纠正。

在面对错误时，教师、教练和经理能否引导练习者正确面对错误是非常重要的。当我们指出错误时，通常我们第一个反应就是表达歉意"没事，莎拉。这个问题非常难，你已经尽力了"或者"我很抱歉让你来回答这个问题"。这种做法有很多弊端。它暗示了一种低期望值，会让人觉得正确的做法应该是回避错误。如果在需要改进的时候，你一味在边上兜圈子，而不是直面错误，人们就会夸大原本并不严重的问题，请记住：一定要温和而又直接地将错误视为练习过程中一个正常的部分。

这么说

如何指明错误很关键。使用恰当的语言和语气，有时能起到事半功倍的效果。让我们来看看下面几句开场白：

● "我很高兴你能这么做。当我们尝试_____的时候，这是经常会犯的错误。"

● "你这么做是有道理的，你需要注意的是_____。"

或者在学习某项技能时加入一些你个人的经历：

● "当我开始学_____的时候，和你犯了同样的错误。"

在团队文化建设中，不同的指出错误的方式会起到截然不同的效果。当人们开始熟悉指出错误时所用的语言和所持有的态度时，他们在解决自己和他人的错误时所采取的方式也会发生改变。错误可能会增加，但是每个人对自己的要求和互相之间的要求也会随之提高。

通过练习，人们可以学会如何来应对错误与失败。课堂教学中，我们经常会遇到学生因为没有领会教师意图或其他原因而做出了错误的行为，为了和学生一起练习如何面对失败，如何纠正错误，我们应该先明确告诉他们如何改正错误；然后，我们再向学生示范当看到教师的提示时应该怎么做，接下来我们要让学生对照刚才的示范自己练习。只有这样，练习才会起到很好的作用。

在其他场合中应该如何练习应对错误呢？如果你在客服部工作，你会让下属练习怎样在电话中和顾客周旋，比如在处理客户来电过程中，一名客服代表已经尝试了各种方法却始终无法让顾客满意。这个客服代表唯一能做的就是练习如何致歉，并且练习当客户要求和上级通话时如何快速做出反应。当我们在学骑车或骑马时摔了下来该怎么办？重新回到车上或马背上。通过练习，我们不再惧怕失败。

你练习中所做的一切都是为了学会如何获取成功，但即便练习方案设计得完美无缺，你一样可以利用练习来学习如何应对失败，这能让人们通过承担适当风险达到改进某项技能的目的。当你学会了接纳错误，重视错误，然后改正错误，而不是惊慌失措地把错误拒之门外，那么毫无疑问你会走到通向成功的终点。

敢于面对错误

● 鼓励人们挑战自己，并在练习中承担适当风险，以努力攻克练习瓶颈。

● 切勿无视错误或将错误最小化，否则它们就会变得根深蒂固。

● 帮助练习者认清自己的错误，以便他们可以独立地加以改正。

● 练习如何应对错误，为遭遇错误、让错误正常化做好准备。

克服练习障碍

消极抵抗，往往是源于缺乏清晰的认知。

——丹和奇普·希思

　　练习，特别是在众目睽睽之下练习，可能会成为一个巨大的生理挑战。我们中的很多人会因此产生许多负面的生理反应（心跳加速、手心出汗）和心理反应（担心、紧张、焦虑）。然而，害怕在同行面前失败也许会阻碍你获得成功。单独练习虽然重要，但在众人面前勤加练习也同样重要，因为如果你不在他人面前练习的话，就会错失许多能够帮助你进步的反馈意见。正如著名小提琴演奏家伊萨克·帕尔曼在《纽约客》的采访报道中所说的那样，在众人面前练习能让你获得"第三只耳朵"。当我们在寻求进步的路途中艰难跋涉时，不要害怕那些更多的眼睛或者更多的耳朵，因为他们能带给你可遇而不可求的宝贵意见。

　　人们总是喜欢避开那些需要担负心理重压的工作，而选择相对轻松容易的事情。如果人们想要在学习中不断进步，就要不断挑战自我，冲破害怕的心理壁垒。这些壁垒会以各种形式出现，比如感到局促不安，担心失败，或者对整个练习过程心存怀疑，缺乏信心，等等。当克服最初的抗拒心理后，人们就可以心无旁骛地投入练习了。在我们的培训工作中，当我们开始进行练习时，我们发现练习者不是上洗手间，就是待在教室里左顾右盼，尽可能避免和我们的眼神接触，或者就拿起包翻找东西，这些用来逃避的招数其实就是为了逃避练习。以下是练习者惯用的一些逃避练习的方式。

● "嗨，我们这儿正忙着呢。"佯装自己正忙得脱不开身是逃避练习的一种方法。在最近的一次培训中，教师们原本应该通过角色扮演来练习向学生下达非语言指令，我们却看到有一组练习者没有按要求去做，而是围绕这个话题相互争论着。当注意到我们的工作人员向他们走近时，其中一个小组成员立刻提高嗓门说："我们正在积极讨论。"大多数人会以为这是个好现象：他们在任务中，非常专心，非常投入。一开始，我们也这么认为，于是我们就任由他们继续讨论。但是后来，我们意识到，这些练习者并非在完成任务，而是在制造话题，他们正在（非常有创意地）逃避练习。

● "这似乎不太现实。"还有人会声称练习中的情节设置"不太现实"，以此来抵制练习，可是他们没有意识到这是我们有意为之的，通过故意夸大或改变现实中的某个方面从而达到练习的目的。康永博士在给医学院的学生上课时曾注意到这个问题，她说："起初，练习中最难的一件事就是学生知道那是'练习'。进教室前一刻他们还在质疑练习中存在的那些悬而未决的"现实问题"，可一进教室他们就停了下来，因为他们知道这是'练习'。"在培训中，我们发现有些练习者不愿意练习，是因为他们对为练习设计的脚本语言心存不满。比如，我们要求教师用一句"我希望你能坐正"来提醒学生端正坐姿，练习者有时会说他们就是不想一板一眼地按照我们设计的台词"我需要你坐正"作为指令语言，以此来抗拒练习。

以下这些步骤可以帮助领导者和教练应对练习者遇到壁垒时的抵触行为。

1. 识别并指出壁垒，然后练习克服它们，强调以团队为单位进行练习以及勇于尝试的重要性。

2. 帮助人们通过练习（如有必要可进行一对一单独练习）冲破壁垒。不要针对壁垒问题展开过多的讨论：先明确指出壁垒，接着使练习者正视壁垒，然后投入练习。我们认识一位校长，他曾试着让一位抗拒心理特别强的教师提高教学能力，在课堂上更好地向学生发出明确指令。当校长第一次建议练习的时候，这位教师勉为其难地给出了三条明确指令。但是很明显，她的态度不够积极，对于每一次练习她都推三阻四。校长意识到了她的消极抵抗，于是要求她把他当成班上最难对付的学生，然后想办法如何给出明确指示，她开始练习这个小技巧，一遍又一遍，直到看到自己的进步，此时教师的态度也发生了明显的改变，她开始放下顾虑，积极回应校长的反馈意见，最后，她进步显著。这位校长通过练习消除了教师的抵触心理，从而更好地进行了练习，而且他还采取了一对一的练习与沟通。让抗拒心理特别强的人在一对一的环境下练习，能够帮助他们克服在众人面前练习时的恐惧心理，这也许是最容易被人忽略的练习形式。

3. 成功冲破壁垒后，不要旧话重提。记住你的最终目标：让人们心甘情愿地投入练习。必要的时候，打出你的王牌："我听到你说了什么，让我们暂且将异议放一边，先尝试一下，看看会怎样。"练习会让他们心服口服，练习过程中带来的惊喜本身是最具说服力的。作为领导者，你在引导练习时要一直抱有这样的信念，那就是练习之后练习者一定会体验到成功的喜悦。

这么说

把对练习所怀有的恐惧和不安全感坦白地说出来，这是顺利进行练习的第一步。比如，你可以说：

- "角色扮演的确会让人觉得不自在，但是……"。
- "模仿别人确实很有难度，但是……"。
- "我知道开始的时候我们都会非常害怕尴尬，手足无措，但是……"。

经常在"但是"之后描述练习的重要性，以及为什么某个练习活动对于取得进步和掌握某项技能如此关键。

用以下方法和人们一起尝试消除练习的心理障碍。

- "一开始也许会觉得不自在，不过我相信你不久后就会发觉这么做对自己很有帮助。"
- "我们一起来试试，如果你不喜欢，我们再换别的练习。"

你的目的就是要让大家开始练习，想好你准备说什么（练习一下你想说的话）是让大家投入练习的第一步。

由于某些练习未产生明显的效果，可能会导致我们从此不再相信练习。我们之所以不相信，就是因为我们没有体验过有效的练习。不管是何种壁垒，一旦你将它们一一指明，人们就能最终体会到练习的好处。如果人们不愿意主动尝试，或通过其他方式抵制练习，那就开门见山地指出他们的问题，然后帮助他们在练习中加以克服。

克服练习障碍

- 要有心理准备，团队中的某些人也许会抵触练习。
- 识别练习者的抗拒心理，帮助他们克服练习障碍。

对抗惰性，让练习充满乐趣

没有乐趣的工作就是一份苦差，单调乏味的练习无法培养出冠军，也无法造就一个伟大的团队。

——约翰·伍顿

练习中的有些环节其实很有意思，但如果这些不是练习的关键部分，不能帮助我们做得更好，那该怎么办？很多高尔夫业余爱好者都会在练球场上体验到专业运动员的感觉，他们能把球打得又远又直，可是第二天，当他们来到高尔夫球场时，却失望地发现练球场上体验到的成功无法真正提高他们的比赛成绩。在《纽约时报》的博客中，美国职业高尔夫球协会年度教练莱尔德·斯莫尔指出这是因为"在练习场上，人们只要打到球就算胜利"，但是"在球场上，我们讲究的是几杆几洞"。在练球场上，业余爱好者可以在半个小时内一连打出25个球，然后心满意足地收拾起球杆。但如果是专业球手去练球场，他们会按照打比赛的速度，在相同的时间内只打出一半的球。布屈·哈蒙以及教练菲儿·米克尔森指出，水平一般的球员通过观察专业球员在练球场上的表现能学到的东西极为有限。他问道："在高尔夫比赛中你见过谁会用同一根球杆，杵在同一块地方，一个接一个地连续挥杆击球？所以，人们为什么要这样练习呢？"

业余爱好者听到这话一定会点头称是，但是比起费尽心思练习打接近球，能干脆利落地"砰"一下把球又高又远地打到半空，实在是更能让人充满成就感。但是，能让你在球场上屡创佳绩的是前者而不是后者。同为美国高尔夫十大教练的麦克·本德和莱尔德·斯莫尔建议我们可以在练习中加入一些改变。如果你能将练习近距离击球变得充满乐趣，那么你自然就会有更多的兴趣进行练习，而你的杆数也会减少（这在高尔夫比赛中是求之不得的）。你可以尝试在你练习技能的时候多加入一些有趣的练习，比如，从沙坑处挥杆两次，看谁能把球送到离球洞更近的地方，看看要打出几个切削击球才能击中草地上的一个五分硬币。

练习不应该是一种惩罚。当你绞尽脑汁让练习变得富有趣味，就能激发人们的兴趣，让人们积极参与练习，这不仅是出于好玩，而是因为你传达了这样的信息：这个练习能发挥积极作用，它值得我们付出时间。

就像高尔夫的近距离击球一样，很多能帮助我们进步的练习都非常辛苦。另外，我们还会因为有些练习过程太过冗长而退避三舍，比如练习打字。然而，"马威斯·比肯教你学打字"这一课程却将学习打字（一项原本漫长得让人望不到头的任务）变成了趣意盎然的游戏，它由不同速度、精确度的测试以及一系列竞争游戏组成，测试中会持续跟踪记录你每分钟所打的字数。为了提高速度和准确度，必须一遍又一遍地打着不同的句子，这种练习方法必然会让初学者感到索然无味，但是让同一个初学者通过敲击键盘去追赶一辆又一辆卡通汽车，或是和一个假想的竞争者比赛打同一个句子，那么练习就能变得越来越有趣，初学者也会因此喜欢上打字，自然他练习的时间会越来越长，次数会越来越多，他的打字水平必然也会越来越高。

我们注意到优秀的教师、教练都会采用一些相似的方法，让练习活动变得生动有趣。

· 在练习中增进友情。对于一直单独练习的人而言，让他成为团队的一部分肯定是一个他非常乐于接受的改变。比如，如果你是一个医生或教师，你会和同事们在练习中收获一份可贵的友谊。在为期两天的培训中，我们经常看到终年在自己岗位上单打独斗的学校领导和教师聚成一团，一同承担失败的风险，一同体验成功的喜悦。共同练习能让你有机会分享你的经验和解决问题的方法，有了这种经历，当你再度回到独立工作的常态中时，就会获得全新的想法以及很多很多全新的乐趣。

· 让乐趣为目标服务。尽管共享乐趣很重要，但你一定要记得给你的练习设定一个明确的目标。只有当共享乐趣和目标紧密联系在一起时，前者才能发挥最大的作用。如果一支足球队的球员都喜欢玩闪避球的游戏，那么他们肯定很愿意以此作为热身运动，教练可以利用这个游戏，帮助球员活动一下筋骨，为后面需要大幅拉伸的剧烈运动做好准备。如果教练的练习目标是某个具体的技能（比如传球），那么他可以专门为此设计一些好玩的专项练习。记住：让乐趣为你的目标服务，将练习的效果最大化。

· 变练习为游戏。并不是只有小孩才喜欢玩游戏，其实你只要稍微加入一些变化，练习就能变成竞赛。记得某次培训要求教师学习如何应用非文学类作品的阅读策略，我们想了一个办法把这次略显枯燥的练习活动变身为一场"室内比赛"，教师们先各自从小说中选取合适的段落，将其抄在小纸条上，然后把纸条放入一个帽子里。随后教师从中随机抽出纸条，想尽办法帮助学生增加这个段落的背景知识，一个原本平淡无奇的练习就这样变成了别开生面的游戏。准备一些小奖品，比如一张贺卡或是手工小礼物都能为这样的练习锦上添花。

● 为练习者欢呼！在培训过程中，我们随时会为积极投入练习的参与者欢呼加油。虽然你会觉得这么做有点傻，但是它确实可以表达对练习者努力付出的认可，同时让气氛变得轻松活跃。

● 悬念和惊喜。为了确保每一位成员最后都有机会练习（而不仅仅是自告奋勇者才有机会），你可以通过随机设定的方式，比如在培训开始前贴一张纸条在他们的座位底下（上面写道"今天你可是第一个参加练习的幸运儿"），或者让快过生日的学员或每天通勤距离最长的那位学员开始练习。这种方式可以避免使用那句"有没有谁愿意主动尝试"，此话一出，准保大家都会保持沉默。特别在参加人数众多的大规模培训中，这个方法非常管用，它能为你节约宝贵的时间，让你把更多的时间用在练习和反馈上，而且它让练习充满了新鲜感和趣味性，每个人都会情不自禁地为之吸引。于是，常规的"如果有人愿意，请上台"变成了"谁是第一个，请上台"。通过这种方式，让大家无从预测谁将上台练习，这样一来所有的练习者都会非常认真地对待练习。于是，所有人都会全力以赴地投入到准备工作中去，这就是练习的意义所在。

在练习中，人们享受的部分越多，他们自然就会练习得越多。而练得越多，毫无疑问，他们就会取得更大的进步。如果你和你的团队还需要加一点动力去练习，那就要把上述方法记在心上。切记，千万不要把练习当成一种惩罚手段，不要等到表现糟糕时才想到练习。一旦失败变成了练习的原因，那么练习的魔力以及它所带来的成功的喜悦将会大打折扣。

对抗惰性，让练习充满乐趣

- 开展积极友好的竞争。

- 在追求练习趣味性的同时，牢记趣味是为练习服务的。

- 鼓励队员在练习中为彼此欢呼加油。

- 加入惊喜元素，通过让人们共同参与练习，以及随机指定下一位练习者，让所有成员随时都投入到练习状态之中。

组建练习圈子

我们经常会在培训中遇到一些高层管理人士，他们对我们的培训材料很感兴趣，认为能在他们的企业管理中派上用场，但他们自身却经常游离在练习之外。其中有一位公司执行董事在其他练习者都积极参与角色扮演时，总是冷眼旁观，他说道："我的工作不需要做这些。"的确，坐在教室后面开着手提电脑，看别人在练习中受挫，然后品头论足一番，这么做的确轻松许多，因为他不必和我们一起冒着暴露弱点、遭遇尴尬的风险参加练习。

但同样是高层领导，我们也遇见过截然相反的例子，而正是他们为其他练习者树立了典范。某天下午，我们和六十位休斯顿独立学区的领导一同培训，当时我们正在练习一种叫作"不许退出"的技巧，我们要求教师能够在学生回答错误时不轻言放弃，直到引导学生给出正确答案为止。在练习的某个阶段，教师们正在练习当遇到学生用讽刺的语气说"我不知道"以拒绝回答问题时该如何应对。当时，学区的其他同事正在一起练习。休斯顿独立学区中学的教育专员阿纳斯塔西亚·林都·安德森（她负责协助整个休斯顿地区的校长改进他们的教学大纲），当被问及是否愿意加入角色扮演时，她欣然接受了。我们看着她和另一位扮演问题学生的老师一起展开你来我往的交锋，这并不简单。虽然安德森一直保持温和的态度，但问题学生始终不肯尝试回答问题，最后她用礼貌得体却又不失坚定的语气为我们全体做了堪称经典的示范。她这种不惧成为"众矢之的"的勇气和乐于分享经验的慷慨不仅帮助在场的教师见识到了增强技能的有效方法，而且展现了自己乐于参与练习的开明作风。她所示范的不仅仅是技能，更是敢于冒险和渴望进步的决心。

我们会在练习正式开始前向练习者示范所有的练习项目，有时当我们完成一个练习项目的示范后，会在先前的练习中刻意加入了一些小错误，然后征求练习者的反馈意见。这能够让练习者明白，练习并不可能永远是完美的，在练习的过程中即便再优秀的人也会犯错。

当你示范的时候，一定要记得征求反馈意见，这能有效地让每个人都参与练习，并积极给予反馈。在我们的培训中，每次示范练习过

这么说

措词上的改进能帮助练习者冲破练习壁垒，确保团队中的每一个成员都甘冒风险，参加练习。比如，如果你问"有没有人自告奋勇来练习一下"，这显然不能激发练习者踊跃参与练习。如果你稍微改变一下问话方式，如"谁第一个来"或者"这里有一个绝佳的练习机会能帮你做得更好——谁想抓住这个机会"——就这么简单的一个问句"谁想第一个来"，其实就是告诉大家每个人都有机会进行练习，这将激励练习者积极参与练习。

后，我们都会问："刚才在哪些地方我们还可以做得更好？"问题过后，底下通常会是一片寂静。人们总是倾向于表现出宽容的一面，对于给予反馈意见他们总是能免则免。但是，我们总是鼓励练习者畅所欲言，我们会继续坚持问道："我自己知道至少有三个地方有待改进，你们知道是哪里吗？"如果我们在练习之初就明确告知练习者这样的期望，那么到培训结束的时候练习者就会越来越愿意分享他们的反馈意见。

就像我们之前看到的那样，我们每个人都有可能遇到自己的练习壁垒。如果你注意你的措词，让你的诱导变得更有策略，那么你团队里的每一个人都会心甘情愿地加入练习。如果你注意措词并且作为一个领导者带领大家积极投入练习，那么你就掌握了激发人们热爱练习的真谛。就像我们在示范章节中所看到的那样，如果我们希望练习变得富有成效，那么就要提供一个富有成效的示范，这一点非常关键。作为一个领导者，如果你自己不能以身作则，融入到练习中——并且不断历练自己，那么你就永远不可能在你的企业建立起欣欣向荣的练习文化。

组建练习圈子

- 作为领导者，要乐于争当示范，并积极投入练习。
- 在练习过程中，为了提高示范质量，你需要不断征求反馈意见，并鼓励练习者积极给予反馈意见。
- 注意语言艺术，要有说动人人参加练习的信心和策略。

在共赢中实现个人进步

在米奇飓风肆虐尼加拉瓜之后，人们不得不在废墟上重建家园。此时，一位和平部队的志愿者开办了一个信用合作社，人们可以在那里申请贷款建造房屋，而作为抵押的是他们所在社区的担保信。担保信上有贷款人的朋友、家人或者邻居的签名，他们为申请人做保一定会偿还贷款。这种操作方式是基于小额信贷的理念——人们一般宁可放弃自己的财产，也不愿自己在社区的名誉受损。事实证明，这种做法确实非常有效。在众多降低贷款拖欠行为的重要因素中，其中一个就是小额贷款需要担保人承担连带偿还责任。哥伦比亚大学金融与经济学教授苏雷什·森德兰森和他的博士山姆·琼恩共同进行的关于小额信贷的研究表明，连带责任很好地维持了"成员的低违约率"以及促进了"成员之间互相监督，从而降低拖欠贷款和其他不良行为的发生率"，它还能"避免贷款人铤而走险，因为负有连带责任的其他人员会阻止这类事情的发生"。当人们和自己的亲朋邻里而不是和银行存在义务关系时，他们按时还款的动因更多的是来自于他们的忠诚和人际关系中的责任感，而不是担心银行记录的信用是否受损。

想象一下，如果人们对同事就像对公司一样也负有相同的责任心，那么我们将会看到多大的改变！在训练中增强这种义务感对于促进练习无疑提供了一种极有价值的手段。为了建立一种为同伴负责的团队文化，其中一个有效的方式就是培养一种自我认同感和共同责任感。

北星初级学校是我们最好的学校之一，该校校长朱莉·杰克逊在日常管理中特别注重三个方面：工作体系与日常规范，积极有效的组织框架以及强大的影响力。她对于这三个方面进行了一遍又一遍的培训，并对重要的技能进行强化练习，在练习过程中，她牢牢立足于这三个方面，从不动摇。同时，她还注意到，让她的团队共同选择他们所要解决的问题以及采取什么样的解决方式具有很重要的意义。她要求她的教师能认识到他们需要改进的技能，虽然这意味着教师必须对他们需要改进的方面进行选择，但同时这也能让教师自由决定作为个人以及团队他们将要关注哪些方面。正因为是教师自己认定了哪些方面需要改进，所以在相应的练习中教师也会表现得更加积极。最后，在共同练习技能的过程中，他们相互之间建立起了一种彼此负责，共同进步的积极关系。记住：让你的团队确立目标，然后彼此承担责任，才能实现共同进步。

我们中的很多学校在建校的第一年里经常会围绕罗纳德·莫里什《恕我直言》一书中的观点展开讨论。在书中，莫里什介绍了成功办学的理念——在优秀的学校，教师、学生和家长必须为共同的目标彼此合作，教师必须将自己视为"学校里的教师"而不是"教室里的教师"，也就是说教师乐于为了所有学生的成功付出时间和精力，教师负责教学的对象是学校里的所有学生，而不仅仅只是教室里的学生。当他们看到同事在教学中遇到了困难，"学校的教师"就会伸出援手，而不是在一旁冷嘲热讽。而"教室里的教师"却总是抱着一种"关起门来上课"的心态,他们觉得他们只有一个责任:管教自己班上的学生。这种意识和现象是非常有害的,它不仅阻碍教师自身的发展和进步,对孩子的成长也极为不利。莫里什认为:"要想规范学校的教学工作,就必须牢记'我们团结在一起,我们是我们学校里所有孩子的教师'。只有当每个教师都能看得更远时,良好的纪律和行为规范才能在全校范围内得以实现。"在这种练习文化的熏陶下,人们甘愿为彼此的成功与发展努力奋斗。于是,教师不断进步,学生认真学习,学校变得越发出色,而我们的社会也会越变越好。

不管你在哪里工作,你都要有一种"学校里的教师"的自我认识。召集你的团队成员一起认清并设定目标,让他们自己决定他们应该练习什么,并鼓励他们互相承担责任。当每个人都愿意为他人的成功付出努力和心血时,你的团队就会日益强大。当你的团队成员为彼此付出时,他们的成功就会紧密地联系在一起,而你的团队也会因此获得更大的成就。

在共赢中实现个人进步

- 允许你的团队成员自己来确定需要掌握和改进的技能,以及他们所关注的成长发展领域。
- 鼓励团队成员彼此承担责任,实现共同进步。

最大限度地发掘潜力

在学校工作中，我们很早就知道在决定是否聘用应聘者来学校教书之前，我们需要通过一堂试讲课来观察他的表现。众所皆知，试讲可以反映一个教师的教学水平，但是美国的许多学校在决定聘用教员之前，竟然没有要求他们进行试讲。惠特尼·蒂尔森在他的博客上说道，2010年洛杉矶联合学区仅有13%的教师在被聘用前进行过试讲。事情的关键是，我们并不在意应聘者在试讲中的具体表现，我们感兴趣的是他们在试讲过程中如何接受反馈意见以及他们如何将这些意见应用在他们的教学中。在反馈环节，我们经常要求应聘者重复试讲中的某个部分，并和学校的领导一起练习。没错，应聘者在试讲中的表现固然重要，但是更为关键的是他们在反馈环节中的表现。

前些日子，在一位应聘者试讲结束后所进行的反馈环节中，为了观察应聘者在练习中的表现，凯蒂让教师督导扮演学生，垂着头，靠在桌子上，然后要求应聘者让这个"学生"坐正。凯蒂让应聘者练习了好几次，每一次都要求她应用不同的反馈意见进行演示。在整个过程中，应聘者的态度非常积极，这让凯蒂看到她所具备的潜力。

不论你给应聘者安排了怎样的练习任务，请集中关注他们在反馈过程中的表现。对于反馈，他们是灵活应用还是心怀抵触？他们将反馈视为避之不及的难题，还是对获得能让他们进步的反馈感到兴奋不已？这个过程不仅能对你的聘用决定起到关键作用，并且能更好地充实你今后对应聘者的工作安排。如果在反馈过程中，应聘者表现得非常被动、勉强，那么他们很有可能无法在以练习和进步为特色的工作环境中快乐地工作。

假设你要聘用的人将在你的公司待上至少五年，在这种情况下，最重要的是思考他们在经过一年训练和工作历练后，在第二年他们的表现会和他们第一年中的表现有何区别。如果你训练一个人，在开始训练时，他的整体水平以10分为满分的话他只能拿6分，但是他乐于参加练习，乐于接受意见，那么他将很快达到10分的水平。事实上，你最好的选择是聘用一个能通过练习发挥潜力的员工，而不是一个看似出色，但日后极有可能在练习中拖大家后腿的人。

如果你要打造一个看重练习的公司，那么你就要聘用积极响应练习的员工：他们善于利用反馈意见，享受团队合作，谈论自己的错误时不会遮遮掩掩，对于如何进步永远抱着极大的热情。简而言之，在招聘时纳入练习这个主题能够改变你的聘用过程，因为你所关注的人才特质发生了转移。

安排应聘者和他们未来的同事进行一次非正式的随意交流，观察一下他们表现得和蔼可亲、礼貌得体，还是傲慢无礼、高人一等？他们是否善于接受来自不同级别、不同职务的同事的反馈意见？如果是一个应聘广告职务的应聘者，你可以安排她为新产品设计一个微型企划案，看看她的作品是否具有创新意识？当你就这一点给她反馈意见时，她是否乐于接受，并且立即付诸行动？如果是房地产公司的应聘者，你可以让他做一份售楼宣传计划，看看他是否了解市场？是否清楚客户需求？在一个模拟情境中，如果客户不认可他的宣传计划他会如何反应？他能否接受反馈意见？通过这些观察，你也许能从中得出一个综合评价。虽然，应聘者在这些任务中的表现很重要，但同样不可忽视的是他们对于练习持有何种态度，以及他们如何接受反馈意见。作为面试的一个环节，让应聘者基于不同的反馈尝试采用不同的方法来完成任务，看看他们是否能积极行动，并通过这样的练习获得提升。

艾丽卡来非凡学院应聘教务长，参加第一次面试时，她非常认真地准备了试讲环节。虽然花了很多时间准备，但正式试讲却几乎成了一场噩梦。当艾丽卡讲话的时候，几个学生也在讲，一个不停地干扰其他学生的男孩被叫出来站在桌旁。在课堂总结时，艾丽卡没有迅速地组织学生回顾所学的知识，但是，她还是得到了这份工作。为什么？因为面试官不仅关注艾丽卡的上课技能，更看重她能切实地采纳反馈意见，认真地总结授课过程，并且认识到通过改善哪些环节可以提高自己的教学水平。在之后的回顾总结中，艾丽卡列出了十五种她原本应该采取的不同的授课方式（"我原本应该事先观察一下教室，更深入地了解日常规范和上课流程"，"当学生坐在地毯上的时候，我原本应该多巡视几圈"）。她主动和面试官沟通交流，积极地从他们那里获得反馈。事后，艾丽卡觉得自己把试讲搞砸了，于是打电话告诉丈夫，这次面试是一次难得的经历，但是估计她得不到这份工作了。她并不知道，就在她打电话的时候，因为她对反馈的积极态度和勇于尝试的热情，面试官们决定让她成为非凡学院的一员。

当学校领导在给应聘者反馈时，他们经常会说："如果你是我的教师，对于你的课我会这样评价……"然后，你很快就能通过应聘者如何应对接下来的反馈意见得知他们是否愿意练习，是否愿意直面建设性的批评。他们有没有把意见写下来？有没有点头？还是就势把建议推了回来，或是为自己的行为寻找借口？这些信息非常有用。之后，可以让他们练习如何授课，练习回顾授课过程，然后练习接受反馈意见，这些意见有些是指出他们的长处，有些则是告诉他们哪些地方需要改进。最后，让他们利用反馈意见，重新演示授课中的某一个部分。总之，让他们不断练习在实际工作中需要做的事。

想一想，你所从事的职业中，哪些技能是不可或缺但通过练习又能极易获得进步的。招聘人才，让他们学会这些技能。如果有些技能即便通过大量练习也很难获得进益（比如人际交往和社交艺术），那就应该把已经拥有这些技能的人才招至麾下。认定哪些是应聘者必须具备的技能，然后通过面试（或视频电话）判断应聘者是否具备这些必要技能，同时，鉴别哪些是可以通过练习取得进步的技能，让应聘者模仿练习活动，看看他们能否通过练习掌握和完善这些技能。将练习纳入你聘用新员工的流程，你就有更多的机会创建一个所向披靡的团队。

最大限度地发掘潜力

- 在招聘团队成员前，仔细考虑你想让应聘者完成什么样的练习任务。

- 在应聘者的练习过程中，抓住机会测评他们对于练习和反馈的宽容度。

- 要求他们重复练习任务中的某一部分，评估他们应用反馈意见的能力。

- 通过练习，最大限度发掘员工的潜力。

练习需要得到认可

前面我们已经讨论过了在一对一的教学或工作中，如何通过表扬让人们更好地掌握技能，其实，在全公司大规模地进行表扬同样非常重要。在练习过程中，公司可以通过两种重要方式发挥表扬的有效作用：第一种方式是经常使用有效表扬鼓励成效卓著的练习，第二种方式是建立公开的表扬机制。

斯坦福大学的社会心理学家卡罗尔·杜韦克的研究成果经常被作为例证加以引用，她曾经专门研究过表扬对学生成绩所起的作用。她发现当你表扬孩子的某一个特质（聪明）而不是一个可以复制的行为（刻苦钻研数学难题）时，结果非但不能激励学生进步，反而会让他们表现不佳。究其原因，是因为他们会将获得表扬的成就看成是他们天生的行为。表扬练习者的特质无非是让练习者认为"自己聪明"是天生的，而表扬行为却能让他们相信不同的行为能导致不同的结果。在练习中，无论是和孩子还是和成人打交道，我们都要牢记杜韦克的启示，表扬那些你希望从球员、孩子或是员工身上看到的行为，你就会发现你的表扬能让这些行为锦上添花。

明星教师擅长使用准确的表扬来激励和鼓舞学生，他们启发了我们应该如何使用表扬来鼓舞成人。尽管认可和表扬都非常重要，但认可和表扬之间存在着很大的区别。当期望值达到认可的水平时，你简单描述一下练习者所做的事，或者简单说一句"谢谢"通常就已经足够。"谢谢你为队员解围。""谢谢你自己把盘子刷了。""谢谢你今天在会上的发言。"这些陈述表明练习者的表现符合你的期望。你的期望就是你的球员能够帮助队友，你的孩子能把自己的饭碗洗干净，你的员工能在会议上踊跃发言。然而，当人们的所作所为超过他们应该做的范畴时，你就应该对此给出表扬，只有这样才会发挥更好的反馈效果，"你今天太棒了，你把我们所有人的盘子都刷干净了!""你今天在练习结束后把队员们的运动服都整理收好了，如此贴心实在不容易!""今天你在员工会议上把复杂的问题表述得如此尽善尽美，你成功地解决了一个棘手的难题，这将对我们团队的表现产生深远的影响，我为你感到骄傲!"事实上，认可（通过说"谢谢"）意味着练习的表现达到预期，而表扬则意味着练习的表现超越预期。

表扬一定要发自内心，真挚诚恳。当表扬表达得有欠真诚时，不仅会让人觉得虚伪，还会影响表扬的有效性。把握好诚挚坦率的表扬和富有建设性的批评之间的平衡，你的表扬就会成为练习者最珍贵的礼物。

在场下练习和正式比赛中真诚地表扬你的团队成员，并且要当众表扬。在公开场合进行表扬，它的作用通常能发挥到极致，因为它能给予被表扬者应得的关注，更重要的是，它可以让其他人知道什么是你的团队、你的公司所赏识的行为。你可以通过建立支持有效表扬的公开机制将重要积极的反馈传达给每一个人，确保表扬机制不仅要涉及实际工作中的表现（在给你的销售团队发送的每周邮件中表扬其中的一个队员"安东尼在今天的会议上成功说服了我们的客户"），也要涉及练习中出彩的地方（珍妮在今天我们练习总结的过程中运用了一个新策略）。在练习过程中坚持表扬机制非常重要，因为在练习中给予表扬能让人们知道在正式上场时应该如何更好地表现。

在练习活动中，每位练习者都能从教练那里获得针对个人的反馈评价，我们发现当某位练习者在听取教练的反馈意见时，其余的练习者通常会刻意回避，因为他们认为这和自己无关。但事实上，每一个练习者获得的反馈与表扬都能惠及整个团队。当其他人听到表扬时，他们就知道哪些行为是他们应该尽力效仿的。

练习需要得到认可

- 经常表扬，从而促进有效练习：
  1. 表扬行为，而非特质。
  2. 区别认可与表扬。
  3. 表扬要真诚。
- 建立公开表扬机制。

---

* * *

本章中的方法旨在告诉你在练习时如何面对未来可能会遭遇的困难。一个热衷于进步的组织能带来许多好处，其中之一就是同事愿意投入时间彼此扶持，共同进步，互相之间不掩盖错误弱点，对于他人的优点不吝赞美，愿意为了成功共同承担失败的风险。本章的方法将促进你有意识地制订计划、设计安全有效的练习，从而帮助你更好地培养人才，使你的团队成员越来越优秀。

6

如何实践在刻意练习中
获得的新技能

有一家名为"新品牌"的营销公司，最近士气萎靡，员工纷纷跳槽。在离职谈话中，员工普遍提到的一个最大原因就是公司的工作环境不好。如果情况不能改善，离职人员会越来越多，公司不得不大规模地招聘，由此一来，新员工的培训成本就会大幅增加。为了避免这种情况发生，公司将激励士气定为年度的首要方针。领导层决定在全公司范围内开展培训，着重关注三个目标：创建工作生活两全其美的职场环境，在各级经理和下属之间打开多条沟通渠道，打造员工愿意为之努力奋斗的企业。

所有的经理先用两天时间练习如何给予并接受下属的反馈意见，同时还练习如何开展和引导与员工的谈话。在为期两天的训练即将结束的时候，领导层兴奋地发现，公司的领导力确实有了可喜的变化。然而，当各级部门结束了所有的集训后，他们盼望已久的改观和进步并没有出现，如此大的投入却毫无所获。为什么？难道是他们的培训不得当？难道他们练习得还不够？还是反馈练习没有实施到位？所有这些问题的答案都是否定的。

问题不在于他们练了什么，怎么练，问题出在了练习之后经理们还是继续沿用老一套的工作方法。虽然他们在练习中学会了新技能，但他们似乎只是为了学而学，忽略了学习的目的是为了在实际工作中应用这些关键技能。在一开始为期两天的回顾训练中，经理们在进行角色扮演的时候的确掌握了那些关键技能，明白了应该如何与他们的直接下属进行积极有效的沟通，同时他们也非常乐于接受并且应用反馈意见。但是，一切就到此为止了，等到要将所学技能应用到实际工作中，且没有培训人员在边上观摩和监督时，一切又恢复到了最初。

经过这次失败的尝试后，公司总裁布拉德意识到昙花一现的练习起不了多大作用，于是，他开始在培训中加入实践所学技能的练习环节，并且制订计划，研究如何在练习后不断跟进、随访，从而确保员工的行为真正发生了变化。他仔细观察员工有没有在实际工作中应用新技能，然后给予反馈。在会议中，他通过各种方式巧妙地提示员工，随时提醒他们记得运用新技能。为了进一步加深员工对练习的印象，他把培训中所涉及的练习方法印制成海报张贴在公司的各个部门，以便让员工看到后提醒自己随时应用这些技能。最后，他通过收集员工的表现数据测评培训的效度：调查他们如何应用具体技能。实际上，布拉德对于练习后续工作的重视程度丝毫不亚于练习本身。

在努力改进实际工作的过程中，领导者常犯的一个严重错误就是未能有计划、有策略地跟进练习的应用情况，从而确保这些先进的技能在团队内"生根发芽"，在《坚持到底》一书中，奇普和丹·希思极力主张要让理念生根发芽——这样它们就能被"理解、记住"，进而产生深远的影响。在本章中，我们会关注不同的技能以及如何让这些技能"生根发芽"，直至最后变成一种习惯。

在无数的公司和团队中，人们投入了大量的人力、物力和时间来完善计划，制作培训材料，但很少关注培训结束后人们的行为和工作方法有没有发生实质性的改变，于是之前精心准备的材料变成了一纸空文。我们总是希望我们的辛劳能马上结出丰硕的果实，可是却鲜有人切实认真地开展后续工作。事实上，练习了新技能之后，在现实工作中运用新技能和练习本身一样重要，因为它能帮助练习者将掌握的技能长久地应用到现实工作中，并且确保一段时间后练习的成果能真正改善工作。

在实战中找准观察点，精准解决问题

在练习了新技能后，我们必须在实际工作中应用这些技能，然后观察在应用技能的过程中所出现的问题，并积极解决这些问题。

一名销售公司的副总裁要求她的客户经理练习如何向客户推销商品，练习过程中要不断应用某项具体技能，比如清晰地描述该产品的优势。在客户经理练习完之后，副总裁即时给予反馈意见，然后让客户经理把反馈意见付诸实践。练习之后，当客户经理正式上场向他们的潜在客户推销商品时，这位副总裁同样需要对客户经理的实战表现进行观察，并对于曾在练习中加以训练的部分给出具体的反馈意见。作为副总裁最关键的是要找准观察点，进行有效反馈，这能让客户经理亲眼看到他们的练习是有成效的。这样，客户经理就会更加愿意学习新技能，并让它们在实际工作中"生根发芽"，因为它们的确能派上大用场。

那么，如何进行有效的观察和评估呢？你可以先准备一张清单，上面罗列着你希望人们在实际工作中能施展的具体技能，这张清单能帮助你有针对性地进行观察以及评估实际工作中的技能应用情况。之后，你可以通过数据汇总，找出哪些技能有待进一步练习。

缩小观察范围，将需要观察的地方一一排序，这能给你的工作方法带来显著的改变。在非凡学院里，我们除了要求教师在正式上课前练习教学技能外，还让领导者练习如何在听课时观察重点。在培训中，我们会让学校领导观摩教师使用该项技能的教学录像，以此判断教师在实际教学中是否有效地使用了练习中的关键技能，这将帮助学校领导如何找到并关注技能细节。

预先知道观察的内容能够让执行者有准备地朝着明确的目标努力。他们知道你在看什么，并且因为你的存在而更加注意自己的临场发挥。你不再需要耳提面命，因为在正式场合，你提醒某人需要尝试一个新技能会让人觉得轻率，开放、诚实的现场观察能提醒技能应用者，你正在等待练习中受到过表扬的优异表现再次出现。

管理者不可能同时出现在职场的每个角落，也不可能马不停蹄地观察所有技能的应用情况，这时，录像就成了好帮手，你可以让执行者通过录像回顾自己的表现，并总结经验教训。要求员工把自己的实际工作表现拍摄下来有助于他们关注自我发展，你可以让他们为某个实战场景（一次报告会议，一次商品宣传，庭上问询证人，一堂数学课，一场大学专题研讨会）录制五分钟的片段，然后让他们回顾、反思现场表现中某些技能的应用情况。他们做了什么？哪些部分比较有难度？哪些地方出人意料？观察不仅要着眼于成功之处，还要寻找解决难题的方法。让人们提交一段在实战中运用新技能的录像，这能帮助他们坚持使用新技能，因为人们有责任应用这些技能，而录像能有效激励人们展开探讨，关注如何在面对困难时有效地利用这些技能。

在练习结束后，让练习者反思（通过书面报告或会议总结）他们从练习中学到了什么，以及他们将在实战中如何应用具体技能，这将有助于练习者更好地在实战中应用学到的新技能。

> ### 在实战中找准观察点，精准解决问题
>
> ● 找准观察点，提供有效反馈。
>
> ● 如果你要在实际工作中评估某项技能，先让技能学习者练习该项技能。
>
> ● 练习之后，要求技能应用者制定在实际工作中的具体目标，然后观察他们是否应用了这些技能。

善用简短提示，锤炼新技能

众所皆知，在练习中，要精心教授队员学习基本技能，而在比赛中，则要用简短有力的提示告诉队员该怎么做。

正是因为有了场下练习的铺垫，指导才不会给现场比赛带来风险。但对于职业网球这项体育运动而言，在大满贯比赛过程中却不允许进行任何指导。这是比赛中最不同寻常、最具争议的规则之一，它受到了传统派的热烈拥护，却遭到革新派的激烈反对。至今，已发生了许多运动员涉嫌违规接受场外指导的实例。

其中最著名的一次发生在2006年美国网球公开赛中，当时玛利亚·莎拉波娃的父亲在场外举着一根香蕉，提醒正在比赛中的女儿进食。其实，父亲的行为就是变相的场外指导：通过传递可视的提示让莎拉波娃吃香蕉。在某些学校，教师指导者也会使用类似的策略加以指导，他们站在教室后面，手上拿着两种颜色的卡片：红色的卡片提示教师叫一个举手的学生起来回答问题，黄色的卡片告诉教师让全班齐声回答。这些提示物其实都代表着教师已经练习过的技能，巧妙利用这些提示物能有效提醒教师应用在练习中掌握的新技能。

在不同的环境中，现场指导是否依旧可行呢？让我们挑一个领导者都会面对的挑战——演讲来举例吧。众所周知，克服演讲恐惧的最佳途径就是通过万全的准备和反复的练习。我们很多人都认为可以这样做：站在镜子面前，或是一间空屋子里，轻声细语地诵读演讲稿。但事实上练习演讲的最佳方法就是在你面前真的坐着听众，而你要以正式上场时的状态与方式进行演讲。听众也许只有一个，这不要紧，关键是你在练习的时候面前必须要有人。如果有可能，最好让配合你一起练习的那位听众在你正式上台时就坐在听众席中。

当我们的团队在为培训做准备时，我们会互相演示每一个练习部分，然后彼此给予反馈意见，我们会对评价内容以及给出评价的方式进行指导。在我们的培训中，你经常会看到培训室后面站着我们的某个工作人员，比如说，艾丽卡想让自己说话时语速更慢一些，想改进自己的姿态，想减少巡场的次数以便更好地掌控全局。我们在练习中为每一个技能都设计了一个对应手势，在正式的培训课中，当我们向艾丽卡打手势时，她就能轻而易举地领会我们的提示，并应用与手势相应的技能，我们的提示不会打乱她讲解的步骤。如果事先我们没有进行练习，那么现场指导将会变得非常棘手，非但帮不了艾丽卡，反而会害得她忙中出错，甚至严重影响她在培训课中的临场表现。

善用简短提示，锤炼新技能

- 在实际工作中，你只能指导那些已经通过练习学会的技能。
- 现场指导只能用简单的语言或手势提示比赛者或表演者使用已经学会的技能。

高效沟通，强化新技能

在比赛中，教练和球员之间通常使用短语进行迅速而高效的沟通，这将有助于比赛取得成功，因此，拥有一套彼此都熟知的共用语汇对于团队的成功也非常重要。

当你和练习者练习一种新技能时，你需要给这项技能命名以及让练习者熟悉这项技能的专有词汇，以便让练习者清楚地知道他们在练习什么。足球运动员通常都知道什么是克鲁伊夫转身，什么是缓慢后拖，什么是楔形切入，所以，在比赛中当他和教练用这些术语进行交流时，他能清楚地知道如何使用这些技能。同样，外科医生知道什么是单纯间断缝合，什么是单纯连续缝合，什么是横向褥式缝合，这样的共用语汇可以让外科医生进行高效的沟通。给技能、战术、解决方案命名，让它们成为手术室、足球场、董事会议、教室甚至你的起居室里被津津乐道的高频词汇，这将为你节省很多沟通成本。在我们的培训中，当练习者练习和应用某项技能时，我们会有意识地让他们在讨论中使用共用语汇，让练习者意识到使用共用语汇的重要性。

一旦在练习中建立了共用语汇，我们就要尽可能多地使用共用词汇来讨论我们已经练习的内容。比如，两个同事比较随意地谈起练习：
"我一直在思考销售策略的练习，我觉得我们应该为此做一份战略产
品线路图。"或者一位校长给全体教职工发邮件，表扬那些学习了新
技能便立即付诸实践的教师："今天我听课的时候注意到希拉里使用
了'准确表扬'的教学方法，她在表扬学生的时候非常有策略地考虑
到了每一个学生，每个座位上的孩子都因为他们的某种表现获得了赞
扬。"在练习后使用共用语汇可以使练习者继续关注并且进一步强化
练习中学会的技能。

"交易成本"是指在完成一项交易过程中所花费的资源。对于同
事之间（比如外科医生之间）的讨论，领导和下属之间（比如，教练
与球员，经理与员工）的讨论，建立共用语汇就意味着减少了"交易
成本"。对于一个涉及盈亏的组织机构而言，降低交易成本的重要性
更加不言而喻。你固然想在练习中保持低交易成本从而将投入练习的
时间最大化，而这一点在练习之后同样关键。在正式上场或实际工作
中使用共用语汇能减少时间和精力的投入，同时也能高效地发挥你的
技能。

在最近一期《华尔街日报》中，迈克·沙舍夫斯基，这位四次将
杜克大学男子篮球队送上美国大学体育协会冠军宝座、十一次带领球
队闯入最后四强的教练这样写道："我觉得在我的工作中，篮球和语
汇占有同样重要的位置，选择正确的指导语汇和选择合适的队员及场
上战术一样事关成败。"他谈到他经常用"生动的故事"来激励球员，
从而让他们相信自己无可取代。他借用朋友、家人、前队员的真实经
历告诉队员们什么是意志力、信赖感和勇气，这些故事对于帮助团结
队伍、鼓舞队员来说有着不可估量的意义。沙舍夫斯基教练说："当
听者产生共鸣时，我们就找到了共通之处。我们在用语言沟通的同时，

也深深地被语言所蕴涵的力量所打动。"高效沟通不仅能激励人心，而且能降低交易成本，帮助你赢得比赛，鼓舞士气。

高效沟通，强化新技能

● 为了进行高效的沟通，请记得为练习的技能和专项训练创建共同语汇。

● 在练习结束后，用共同语汇来讨论技能和技能的应用，能提高沟通的有效性，从而帮助你的团队更好地应用和加强技能。

不断挑战练习的新高度

比赛时的失败不像练习时的那样微小，教练必须帮助他的球员们在面对失利时继续前进。与此同时，教练必须不断地要求队员展现出最好的一面，当提出要求时，要带有一种紧迫感，从而突出每一个优异表现的重要性。

在非凡学院，教师在新学年开学前要参加为期三周的培训，我们为此投入了大量的时间：模拟课堂教学，进行小型专项训练，练习如何与家长沟通，接受同事的反馈意见并改进教案。当培训结束后，我们发现教师的积极性非常高。但是，当正式开学的日子逐日逼近，繁重的教学任务纷至沓来时，原本踌躇满志的教师有些退缩了。因为练习的时候，教师面对的是一个宽容的氛围，不会有人对他们的失败指手画脚，他们只需得到反馈后加以利用，所以他们不会感到有什么顾虑。练习的时候，教师面前并没有真正面对年幼的孩子，没有堆积如山的作业、成绩表、学生评测。因此，到了正式上场的时候，每个人都要有意识地把练就的技能付诸实践。

作为一个领导者，你所要扮演的最有难度但同时又最为关键的角色就是评价者。作为评价者，你必须告诉你的球员他们是否做得够好，以及需要解决哪方面的问题。领导者必须从一开始就要公开公正地同时扮演好两个角色——既是要求提出者，也是提供帮助者。如果一个领导者仅仅表示会帮助人们变得更好，而不提任何要求，这只会给人留下虚伪的印象。

在进入非凡学院前，凯蒂的学校曾有一位在课堂上表现欠佳的教师。当她发现这一情况后，便找了一个机会向这位教师提了一些意见，然后让他谈谈自己的想法，结果那位教师的回答却是："请炒我鱿鱼之前事先打个招呼。"回想当年，凯蒂意识到自己当时的确没有扮演好领导者的角色，她当时是这么开口的："我想给你做一些辅导。"这的确容易让人产生反感。在不断反思之后，凯蒂希望当时能这样对那位教师说："我希望你能在教学岗位上获得成功，我会尽我所能帮助你做到这一点，我并不准备跟你谈离职的事情。也许事情会发展到这一步，但是现在讨论这个问题还为时过早，让我们继续努力，继续练习。"这样的回答可以传达凯蒂的支持，但同时也明确告知他，如果他依旧表现欠佳，没有进步，那么她会采取相应的措施。她不仅表达了帮助支持的意愿，同时也明确要求那位教师必须对学生负责。如果当时凯蒂能这样说，那么她就能很好地把握支持与要求之间的平衡关系。

能够统筹兼顾的领导者通常都能看到下属的努力和付出，他们会及时给予下属表扬或嘉奖，但是当员工的表现不符合标准时，他们也会给予具体的反馈意见，并要求员工迎头赶上。如有必要，他们在沟通时会特别注意让员工感到一种紧迫感。不断重复组织的任务与使命，能让领导者时刻记住练习和正式上场时的表现标准，公开公正地扮演好教练和评价者的角色。

如何能做到要求、支持两不误，从而让练习生生不息呢？请回想一下在反馈章节中苏珊和大卫的互动。苏珊总是把大卫的反馈当成一种"建议"，而不是她需要应用到实际工作中的指导意见。出于一个领导者的责任，大卫必须告知苏珊她的问题所在。作为苏珊工作表现的监管者，他不是在给予建议，而是在给予苏珊支持，以及提出让苏珊改进工作方式的要求。如果你能在支持与要求之间"左右逢源"，就一定能提高团队的工作表现，并且和员工保持良好的合作关系。不仅如此，你和员工对于工作表现的期望值还能达成共识，而员工也会更加清楚地了解你在他们自身职业发展中所扮演的举足轻重的角色。

不断挑战练习的新高度

- 对努力工作予以嘉奖，当员工的工作需要改进时，适当地让他们产生紧迫感。

- 练习后，适当给予员工支持，并明确对员工提出你的要求，而不仅仅是有用的建议。

精益求精，高效评估练习效果和影响

在阿图尔·葛文德的《更好》一书中，作者和我们分享了弗吉尼亚·阿普加的故事。由她创立的阿普加评分系统能够简单迅速地评估新生儿的健康状况，对降低婴儿的死亡率起到了巨大的作用。在20世纪30年代，每三十个新生儿中就会有一个夭折，这个数据和一个世纪前相比几乎没有任何改善，而阿普加评分系统有效地改善了这一状态。它能让医生和护士在新生儿出生的那一刻就迅速高效地评估其健康状况，这一测评标准一直沿用至今。婴儿在出生后一分钟内接受皮肤颜色、心率、喉反射、肌张力和呼吸五项体征测评，出生后五分钟再进行一次。这套简单的评估体系能让医生系统地收集以前从未被使用过的体征数据，对此葛文德是这样评价的：

这套评分体系将难以确定、仅凭主观印象的临床概念——新生儿身体状况，转变为一套可供人收集和比较的数据，这就要求对每一个新生儿的真实情况进行更加仔细的观察，并做好数据整理归档……出生后一分钟内阿普加得分较低的婴儿通过采取吸氧和保暖等措施能很快实现心肺复苏，新生儿重症监护室因此出现，阿普加评分体系同时改变了分娩过程中的医护管理。

自从1953年阿普加评分系统问世以来，数以百万的新生儿因此重获生命，由此可见测评的重要性。测评不仅能为医学带来很大的成效，还能为教育、体育和创业带来巨大成效。因此，一旦启动练习，那么练习之后就要测评效果。你可以测评如下两项内容：

1. 练习是否有效。练习的技能是否能让人们真正应用到实际工作中？

2. 是否练对了技能。你所练习的技能是否能使你的表现得以改进？

有些教练也许会回顾比赛，总结赛况："我们踢得不错。""队员之间配合得不够默契。""我们的防守有问题。"但是你如果想要判断哪些是你应该加强练习的技能，你就要把比赛（授课、手术、商品推销）中体现的一切都看成数据。你不能全凭主观印象来评价你的练习表现，而是要寻找具体的数据来评估你所练习的技能。比如，有多少球员在场上对角跑位？当学生没有积极参与课堂活动时，有多少教师能让他们重新回到课堂学习中去？一个销售战略能成就几次成功的销售？

收集和测评练习后的实战表现的数据，可以帮助你评价你的练习效果。在"如何练习"一章中你曾读到高中篮球教练比尔·莱斯勒的事例，他不断地回放比赛录像，然后判断出哪些是他的球员必须在练习中加强训练的技能。

现在，当我们培训教师时，我们开始运用数据来测评这些教学技能究竟对学生的表现产生了怎样的影响。当我们培训教师运用这些技能时，我们开始通过问下面的问题来评估我们的做法是否有效。学生表现的变化是否和这些技能的应用有关？哪些技能对于学生的成绩最有影响？我们一边收集、分析这些数据，一边以此为依据不断调整培训内容。

在工作中，我们发现培训结束之后仅仅依靠自我评测远远不能实现测评目的，因为自我评估并不可靠，我们自己不能真正看到练习的效果转化成实际工作中的成效。于是，我们采用了其他方法，不定期地跟踪关注某期培训班的成员，确保练习中所教授的技能能在实际工作中长期应用。我们已经开始采用实地视察和交换录像的方式来达到这个目的，培训结束一个月之后，我们所教的技能是否已经成功地移植到了实际课堂教学中？六个月后，情况如何？一学年之后呢？如果如我们所愿，原因在哪儿？如果事与愿违，原因又在哪儿？是练习不够有效，还是在实践中得到的支持不够？当技能在教学中蓬勃开展时，学生有没有喜人的变化？带着上述问题进行后续跟进，能帮助我们更好地测评培训的效果。

为了保证练习能催生成功，请务必测评练习的影响和效果，它不仅能帮助你改进练习，而且还能告诉你有没有练对技能。

精益求精，高效评估练习效果和影响

• 在实际运用通过练习掌握的技能时，要将关键的因素转化成可具体测量的数据，这些数据能够帮助你评估练习是否有效，以及判断哪些技能需要在今后加以练习。

• 采用多种方法采集数据（自我评估，观察与评价，表现标准等）。

＊ ＊ ＊

练习之后的后续跟进，能够确保通过练习掌握的技能在实际工作中得以持续应用，请牢记本章中的重点方法：如果你通过练习培养人才，那就要在练习之后加强后续跟进，这样才能确保技能继续在实际工作中应用，使工作真正发生改变。

公司、团队与个人如何高效应用刻意练习

如果你是一个教练、培训者，或者你已经开始定期地有意识地参加训练，我们希望本书能够就如何应用具体、实用的技能为各位指名方向。但如果你是律师事务所的合伙人、业务部门或非盈利机构的主管、一校之长、杂货店的老板或者单纯是一个想要在某件事情上获得进步而之前又没有定期练习经历的人，那该怎么办？如何让练习的魔力在你的工作、你的团队或者你的生活中大放异彩？如何踏出第一步？怎么做才能渐入佳境？

接下去的内容将帮助你思考怎样应用与执行的问题。以下是你可以在不同情境中实施的一些具体行动和采用的方法。我们为如何实施刻意练习设置了三个情境。第一个情境描述了你作为单位的领导、公司的经理应该如何应用这些练习方法，第二个情境告诉你在和同事或受训者开展一对一辅导，或者和一个小团队共事时应用练习方法的关键，最后一个情境是关于作为在某个领域追求成功的个人，你该如何应用这些练习方法。

公司如何应用刻意练习

如果你是公司的领导或管理者，并且希望通过练习让你的员工取得进步，以下就是你在周一早上可以应用的练习方法。

专注于练习20%的核心技能

利用这个练习方法确定一小部分你要求员工熟练掌握从而获得80%产出的最为重要的技能。如果你不知道该如何着手确定哪些技能属于那关键的20%，那就应该在你的员工中进行民意测试（周一早上第一件事就是起草发送邮件），要求他们在下午三点前回复，邮件中要回答以下问题："为了本公司的发展，你认为三个最关键的技能是什么？"这不是一道需要缜密推理的理科难题，但它会为你找出那关键的20%开个好头，而你的团队也会在这个过程中投入时间和精力。根据公司或单位的规模，也许你会收到大量的回复，找出排名前三位的技能，这样就能合理地缩小选择范围。

将技能分解，进行专项练习

假设公司目前急需的首要技能就是"与客户开展有效沟通"，而领导团队的任务就是将这个规模较大的技能组合分解成可以进行练习的一个个小技能。为了获取成功，哪些管理技能最为关键？为了"与客户开展有效沟通"，哪些是你必须要分解的技能？比如将技能分解成目光交流，报告中缩小关注范围，通过点头、记笔记进行积极倾听。切记：必须将技能分解成容易掌握的小技能，以便进行目的明确的练习。

为练习命名，减少沟通成本

给每一项技能起一个固定的名字，让公司上下都知道它的含义。当某项技能有了一个与之对应的名字，你就可以以它为代名词来谈论、示范、练习这项技能，并且积极给予反馈意见。你会给你的练习技能起个什么样的名字呢？

预先知道练习关键点，最简单却能产生奇效

一旦你已经明确了需要练习的技能，并且已经给它起好了名字，预先告知关键点的时候就到了。你不仅应该示范技能本身，并且还要在员工面前传达你热衷练习的意愿，并且要征求反馈意见。事先明确告诉你的团队你要练习什么，解决什么问题——比如，积极倾听，以及在会议中你将如何演示这项技能。要求员工对你的表现给予反馈，然后结合反馈意见再进行练习。

如何在公司开展刻意练习

我们都知道要在集团内进行大规模的全面改革，不是一朝一夕的事情。应用以下的方法将有助于你在集团内继续推行练习和改进练习。

如果开展练习在你的公司是头一次，你就要做好心理准备，因为员工可能会对此产生抗拒心理。示范你对练习的积极主动性能切实帮助消除员工的抵制情绪。事先预想一下员工不愿意参加练习的原因，并且估计一下哪些人或许会特别抗拒练习。对于某些员工而言，当众练习确实有难度，如果遇到这种情况，先允许他们单独练习；另一些人或许对练习存有疑虑，或者因为害怕改变而不愿练习。告诉这些员工，请他们相信练习，并且让他们在事后告诉你练习给他们带来了什么样的变化，练

习的哪个部分最具挑战性，接着在之后的练习中继续消除障碍。无论是何种困难，你都要先做预估，然后带领你的团队将它们逐一克服。当然，你还要小心应付你可能会遭遇的一些逃避练习的小伎俩。

另外，当你第一次在练习中要求员工之间相互给予反馈意见时，也许你会希望员工学会使用一些给予反馈时经常用到的开场句，就像"我非常欣赏你……"以及"下一次你应该尝试一下……"一定要明确告诉员工反馈意见必须准确。同时，你必须再三强调：为了公司的进步与发展，在给予真诚反馈时不要有任何顾虑。

最后，不要忘记：练习的目标；利用各种富有创意的方法使练习过程充满乐趣；吸引员工更加积极地参加练习；在部门之间开展友好竞争；在练习中为彼此的成功欢呼。如果你能在练习中做到上述几点，那么你一定会在实际工作中看到员工之间互帮互助，齐心协力。

团队如何应用刻意练习

大卫·西格尔最近为《纽约时报》撰文《他们为什么不教法学院学生如何当律师》时指出，法学院的学生在校期间很少接受律师上岗培训。这一情况间接导致了客户所支付的律师费中包含了年轻律师的在职培训费用，同时这也使法学院学生的就业率出现了大幅下降。于是人们不禁质疑，全美的法学院究竟为学生踏出校门、进入社会做了多少准备。

西格尔在文中引用一位著名法律顾问的话来描述了这个问题："根本问题是法学院培养的不再是能够从事法律业务的人才，他们所培养的律师只拥有法律学位，但这些律师并没有为开展业务做好准备。" 西格尔指出，法学院一年级的主要课程是通过让学生研究历史上的著名案例学习合同法，但大部分的合同法课程都没有教学生如何起草一份当事人双方达成一致意见的合同，而这项技能是几乎所有的律师都必然会在实际工作中用到的。

律师事务所（甚至法学院自身）可以按照练习法则和练习规律来解决这个问题。德林克·比德尔律师事务所在八个州、两个国家都设有分部，它为新加盟的伙伴准备了为期四个月的培训课程，帮助这些刚刚踏入法律界的新人熟悉实际工作中可能会遇到的各种问题，并让他们学会在开展业务时必须具备的具体技能。从该培训课程结业的丹尼斯·P.奥赖利这样评价道："在这里，他们教会我们怎么成为一名律师，而法学院只负责教会我们怎么从那里毕业。"

当你在公司和一个团队、或者与个人合作，你也可以通过练习，让他们或他在实际工作中表现得更加出色。对律师而言，不仅要练习如何起草合同，或许还要学会如何向非法律专业的人士解释签订合同的意义。从事各行各业的人都要练习向业外人士解释他们在做什么，怎么做，只有这样才能解决乔治·伯纳德·肖所说的那个由来已久的问题"对于门外汉而言，任何专业无疑都是一个深不可测的阴谋"。没错，医生需要学会向病人解释他们制定的治疗方案，计算机专家需要知道如何对电脑一窍不通的人解释专业概念，教师需要学会如何向家长解释学生成绩考评表，练习解释行业中独一无二的术语，能帮助你更好地完成工作。

也许你并不在某个大集团、大公司工作（你可能是一个作家、一个艺术家或是一个体育运动项目的教练），又或者你的确是在大公司工作，但你负责的对象是一个只有几个人组成的小团队（比如广告公司的艺术总监或是当地体育联盟的董事）。你也可能是一家大型公司的领导，但是想先在小范围内开展练习，随后再推广到整个公司。无论是上述哪种情况，你都会发现将下面的练习方法应用到你的工作中会非常有效，你可以先从周一上午的第一件事情做起。从一个人，一项技能，每周十五分钟的练习开始，让以下的练习方法助你继续前行。

专项练习宁多勿少，实战演练宁少勿多

区别专项练习和实战演练能让你把练习提升到一个新的高度。也许你已经从威尔康奈尔医学院的案例中获得启示，开始鼓励你的团队进行专项训练。

如果你不在医院上班，这个方法对你的受训者或者你的小团队同样有用。如果你想进行有效的练习，就要关注每一个具体的技能，每一次专注于练习一项技能，不要操之过急，切勿因为实战演练较为容易就跳过专项训练，集中练习那些能让你在实际工作中取得成功的小技能。每天练习十五分钟，或者每周花一个小时进行反馈和练习。

有效利用反馈，及时改进

向你监管和观察的对象给予反馈，或许对于你和你的团队都不是什么新鲜话题了。但是不要忘了，在练习过程中加入反馈环节，并且让成员立即应用反馈意见改进练习，这一点非常重要。当你在观察他们利用反馈意见时，你就要注意：你所给的反馈是否清楚明白；他们是否能够利用这些反馈意见；你的反馈意见是否能够改进练习表现。你的反馈意见应该集中在"可以换一种什么样的做法"而不是集中在"刚才哪里做错了"。切记：让你的队员将反馈意见立刻体现在随即进行的重复练习中。

建立紧凑的练习程序，翻倍练习成效

在任何一个以盈利为目的的公司，时间就是金钱。你的员工工作时间越长，他们开给客户的账单越多，公司就会越强大。市场部团队越有效率，你就能争取到越多的客户。但是，如果你的员工刚进公司一年不到，或者客户经理的工作表现不符合工作要求，你就必须对他们进行培训。你需要建立相应的练习流程，以确保你的练习刻不容缓、节奏紧凑并且富有效率。使用计时器和结构化的流程，能让尽可能多的人参与练习、利用反馈。

记录关键镜头，反复推敲

在快速练习中，给练习者录像（智能手机上的摄像头就能搞定），让练习者观看录像，反思技能的应用情况，然后结合反思结果再次练习。

个人如何应用刻意练习

我们中大部分人也许没有什么机会进行团队练习，或许我们只是某个集团组织里一颗默默无闻的小螺丝钉。即便这样，练习依然有它的用武之地，你依然可以通过练习获得成功，你可以让本书中的若干练习建议成为你周一早晨要做的第一件事。

《纽约时报》曾特载了关于哈维尔·巴登的文章，文中回顾了巴登演艺事业的发展轨迹，描述了那些让他脱颖而出的不凡表现。巴登不仅收获了一座奥斯卡小金人，还拿下了金球奖，美国演员工会奖，并在欧洲获得了无数殊荣。文中还引述了巴登多位同行的评语，同行们称他的演技出类拔萃，非同一般，但最让他们印象深刻的是他的刻苦努力和持之以恒的练习。曾与他有过合作的导演朱利安·许贝纳这样评价巴登："我们认为最优秀的演员不仅要天资出众，而且必须比别人付出更多的努力，哈维尔就是这样的巨星。"

早在孩提时代巴登就显示出了表演天赋，他会花上几个小时帮助他的演员母亲背诵台词，扮演角色。看着妈妈一遍又一遍地反复练习台词直到能脱口而出，一遍又一遍地分析人物心理，揣摩角色，巴登耳濡目染。母亲的示范为他日后的职业操守和工作习惯奠定了坚实的基础，而这两者最终帮助巴登一路登上影帝宝座。他回忆道："通往艺术殿堂的道路注定艰苦卓绝、布满荆棘。仅仅有天分是不足以支持你最终到达目的地的，你还需要勤奋、努力和卓越的判断力。"我们相信，这句话适用于绝大多数的行业。每个行业内的翘楚都是那些不断奋斗，不断成长，不断发展的人，换而言之，他们一直在不断地练习。

尽管巴登已经获得了巨大成功，尽管知名导演不断地向他抛出橄榄枝，邀请他扮演各种角色，他始终坚持和表演教练胡安·卡洛斯·克拉扎一起练习演技。克拉扎在马德里家中接受的电话采访中称，巴登不仅在每一部电影开拍前和他一起探讨如何塑造角色，而且还和名不见经转的新人一起参加他举办的表演培训。

演员哈维尔·巴登、外科医生阿图尔·葛文德、足球天才莱昂内尔·梅西，我们以这些成功者为典范，为你总结了以下练习方法，也许你也能通过这些方法改进你的练习，从而成为工作和生活中更好的自己。

眼见为实，才能坚持不懈

在这里我们将这个方法稍作改动，作为个人，你需要寻找可信的示范，另外，你要像巴登和他妈妈那样，通过近距离观察熟悉练习的整个过程。你不能只是跑去听一场交响乐，聆听音乐家的演奏，而是要跑到幕后，仔细看看他们平时是怎么练习的，事实上如何练习才是他们真正出类拔萃的原因。你也无须住在音乐厅附近，YouTube视频网站能助你一臂之力，为你找到名家大师的幕后练习教程。周一的早晨，在搜索引擎中敲入关键词"伊萨克·帕尔曼练习"，你就能看到你想寻找的示范了。

为什么你会在淋浴、开车或刷牙时脑洞大开

明确哪些技能是你工作或兴趣爱好中影响你激发创意的薄弱环节，然后反复练习这些技能。无论你在弹钢琴，还是在会议室里发言，或是为六年级学生上数学课，练习都能为你的创造力腾出更多的空间，并让你达到新的高度。

敢于面对错误

为了获得进步，你或许需要尝试理性的冒险，逼自己再往前跨一小步，稍稍超出力所能及的范围。比如：练习一次以令人信服的口吻和你

的老板讨论你的职业发展，或者练习瑜伽，或者练习小提琴独奏。请牢记：切莫安于现状，再往前努力一把，不要害怕犯错，只有这样你才能获得自己想要的成功。

＊ ＊ ＊

请相信我们，刻意练习能帮助你达到成功的顶峰。让这些"开袋即食"的练习方法帮助你开始你的练习旅程吧，毫无疑问，你很快就会发现你可以找到各种不同的方法将刻意练习应用到实践中。请牢记：练习最关键的是完全投入，大胆地跨出第一步，然后勇往直前。

如何阅读

一个已被证实的低投入高回报的学习方法

作　　者：美国普林斯顿语言研究中心
　　　　　（美）艾比·马克斯·比尔
ISBN：978-7-5153-4684-7
出版时间：2017年5月
定　　价：39.00元

★　美国公认经典阅读书

★　风靡全球的"个人 MBA"计划（The Personal MBA）推荐的第一本书

★　掌握普林斯顿阅读法，高效学习并轻松记住所读重要信息

在简单易学的练习与训练中，获得革命性阅读技巧！

在碎片化阅读时代，阅读的时间越来越少。本书介绍的普林斯顿阅读法，能帮助你提升阅读速度，20分钟提高阅读速度300%，从而实现在更短的时间阅读更多书籍、杂志、文章，同时它能帮助你提升阅读能力，理解并记住核心重要信息。这套由美国普林斯顿语言研究中心发明的阅读法，已经介绍给所有常春藤联盟校的学生使用，曾经在飞机上帮助一个人5分钟提高阅读速度34%。

本书全方面展示高效阅读的十个重要方法，每一章都配以相应的练习和训练小提示。通过阅读本书，你将学会：

- 如何改掉影响阅读速度的坏习惯；
- 如何提高专注力；
- 如何快速提升眼睛获取信息的技能；
- 怎样读懂专业文章；
- 如何带着目的和问题去阅读，吸收消化；
- 如何批判式阅读、如何略读、扫读、跳读；
- 如何利用碎片时间清理堆积的待读材料；
- 如何做到几个月后仍可轻松回忆阅读过的大部分内容；
- 如何在快速阅读后，深度理解，以更清晰的方式思考。

……

学习之道

美国公认经典学习书

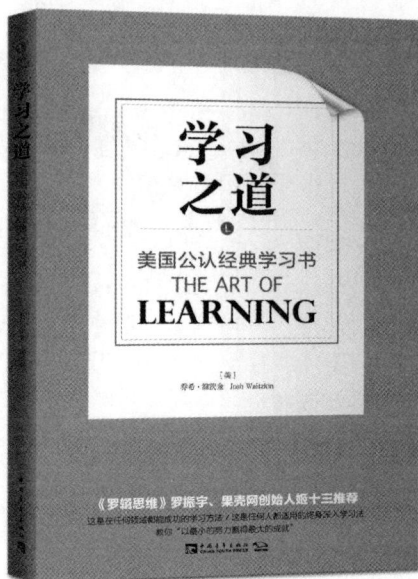

ISBN：9787515342641
作　　者：（美）乔希·维茨金
出版时间：2017.5
定　　价：39.00元
出 版 社：中国青年出版社

★ 《罗辑思维》罗振宇、果壳网创始人姬十三推荐

★ 这是在任何领域都能成功的学习方法

★ 这是任何人都适用的终身深入学习法

★ 教你"以最小的努力赢得最大的成就"

★ 作者简介

　　乔希·维茨金（Josh Waitzkin） 少年时曾8次在全国象棋冠军赛中夺魁，13岁即获得象棋大师头衔。他是《王者之旅》（又译《天生小棋王》）一书及同名好莱坞电影的主人公，声名鹊起。18岁时，他出版了个人第一本书《乔希·维茨金的进攻性象棋》。20岁之后，他开发了世界上最大的计算机象棋程序"象棋大师"，并成为其代言人。

　　在纵横西方棋坛十年后，维茨金22岁开始研习太极拳，并连续21次赢得全美太极冠军及世界冠军头衔，成为"太极拳王"。他的传奇经历及成功心法被美国人奉为学习经典，竞相追随效仿。

★ 内容简介

　　在竞争激烈的高阶领域，决胜关键不仅在于知识多寡，还包括心理层面的锻炼：承受压力、把阻力化为优势，以及体能和情绪迅速复原的能力。而真正的学习赢家，能够在追求卓越的过程中持续总结心得，最终以健康的心态和纯熟的技巧，表现出最好的自己。

　　世界冠军，天才神童乔希·维茨金回首20年巅峰体验，为你逐一揭开在所有领域获取成功的共通秘笈：

- 学习从热情出发
- 先学会输，才有机会赢
- 让我们攀上高峰的不是奇招，而是熟能生巧的基本功
- 专注当下，使生活更丰富精彩
- 学习是一场心智马拉松

……